一生不可不读的
哈佛
情商课

YISHENG BU KE BU DU DE
HAFO QINGSHANG KE

潘鸿生◎编著

北京工业大学出版社

图书在版编目（CIP）数据

一生不可不读的哈佛情商课／潘鸿生编著．—北京：
北京工业大学出版社，2017.1
ISBN 978-7-5639-4970-0

Ⅰ．①一… Ⅱ．①潘… Ⅲ．①情商－通俗读物　Ⅳ.
①B842.6-49

中国版本图书馆 CIP 数据核字 (2016) 第 257239 号

一生不可不读的哈佛情商课

编　　著：潘鸿生
责任编辑：石嬿飞
封面设计：清水设计工作室
出版发行：北京工业大学出版社
（北京市朝阳区平乐园 100 号　邮编：100124）
010-67391722（传真）　bgdcbs@sina.com
出 版 人：郝　勇
经销单位：全国各地新华书店
承印单位：北京天正元印务有限公司
开　　本：787 毫米 ×1092 毫米　1/16
印　　张：18
字　　数：204 千字
版　　次：2017 年 1 月第 1 版
印　　次：2017 年 1 月第 1 次印刷
标准书号：ISBN 978-7-5639-4970-0
定　　价：29.80 元

前　　言

　　1636年，一座私立研究型大学在美国马萨诸塞州剑桥市赫然崛起，经过几个世纪的发展与完善，它渐渐成为世界学子心中的理想殿堂，在人类的历史中如同一座岿然屹立的丰碑。它就是哈佛大学——无论历史与学术地位、名气与影响力，还是师资力量与学生素质，都堪称世界一流！

　　哈佛大学从创校以来，已经为世界输送了无数位政治家、科学家、作家以及各行各业的精英。这其中包括7位国家总统、34位普利策奖获得者、几十位诺贝尔奖获得者及数百位世界级富翁。

　　20世纪初，中国政府开始向哈佛大学选派留学生。首批留学哈佛大学的中国学生于1909年毕业，他们当中有罗邦辉、金岱、李嘉同、马岱君和刘瑞恒等人。中国近代也有许多科学家、学者、作家曾就读于哈佛大学，如赵元任、吴宓、林语堂、梁实秋、梁思成、竺可桢、陈寅恪、陈振汉等。到1945年，哈佛大学的外国留学生中，以中国学生人数为最多。

　　哈佛大学对于教师和学生的质量要求亦是高水准的，教师要严选，学生要精挑。优秀的学生和优秀的教师相得益彰，相辅相成，共同成就了哈佛大学的成功。担任哈佛大学校长长达20年之久的美国著名教育家科南特曾经说过："大学的荣誉，不在于她的校舍和人数，而在于她一代一代人的质量。"正是因为在择师和育人上坚持高标准、高质量的要求，哈佛大学才得以成为群英荟萃、人才辈出的第一流著名学府，对美国社会的经济、政治、文化、科学和高等教育都产生了重大影响，在世界各国求知者心中具有极大的吸引力，在众多大学排行榜上一直名列前茅，被公认为当今世界最顶尖的高等教育机构之一。

"哈佛"不仅仅是一所大学的名字，它还是一种精神和智慧的象征。哈佛大学教给学子们的不仅仅是理论知识，更多的是哈佛精神。

如今，哈佛大学已然成为教育界的神话，也是改变世界历史的重要力量。可以说，哈佛大学就是精英教育的代表，就是优质教育的代名词。成为哈佛人，是一代代人的理想，是一代代人的情结。

虽然不是每个人都可以实现哈佛大学的读书梦想，但是我们可以学习哈佛精神，向现代精英教育看齐。本书选取了哈佛大学多堂情商课内容，并全部向家长们展现，从而将哈佛情商课的精髓传达给正处于成长期的孩子，给予他们心灵的启迪。可以说，本书不仅是一部成年人的修身指南，更是一本育子的精彩教程，让孩子们不用进哈佛大学就能聆听哈佛大学流传百年的教育观点。相信孩子及家长们读懂了这些，并真正应用于生活和学习之中，就一定能够更好地把握人生，成就一个最杰出、最非凡的自己。

目　录

第一章　打造出众的气质，拥有迷人的魅力

第二章　有"礼"走遍天下，绅士淑女是这样练成的

第三章　提高社交能力，做社交达人

目 录

第六章　完善自己，人生必将卓越

第七章　活在当下，努力过好每一天

第八章　习惯千差万别，未来天壤之别

第九章 一路前行，为自己积累重要的人生资本

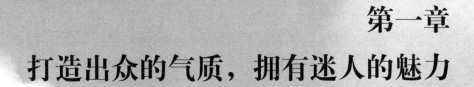

第一章
打造出众的气质，拥有迷人的魅力

高贵不在于外表，而源于内心

真正的高贵，并不是指华丽、气派、显赫、奢侈等生活形式，也不是一种肤浅、粗糙的文化氛围，而是因为一种与生俱来的高贵气质，象征着修养、品行、责任、综合能力。

哈佛学者研究认为，珍惜内在的精神财富甚于外在的物质财富，这是古往今来一切贤哲的共同特点。

高贵是人性中天然释放的聚光点，它不会拿人的美丑、衣着来衡量，它是人内心潜存的精神意念，会在适当的时候开启这道门。从某种意义上说，高贵是一种呼唤、一种想象、一种理想、一种抗拒平庸的心灵力量。所以说，高贵与物质条件是没有直接联系的。

生活中，我们可以看到很多外表高贵的人，他们穿金戴银，出入高档场所，眼光目不斜视，一副高高在上的形象。但一张嘴说话，就让他们原形毕露了。他们的浅薄、无知、低俗真的无法跟他们的外表匹配，其实他们高贵的只有他们的外表，他们的内心是空虚的、寂寞的。别看他们外表多么富有，其精神上是最贫穷的，他们是精神上的可怜虫！

高贵是内在气质的自然表现，它不需要任何装饰来加以衬托。真正的高贵之气，不是一件精于剪裁的皮草或一件年代久远的古董，不是位高权重的地位或沾亲带故的所谓显赫家世，也不是那种目下无尘的倨傲行为及风度，而是一颗对自己、对他人都无比真诚的心。

诺贝尔和平奖得主特蕾莎修女是一个拥有高贵品质的精神贵族。她出生于奥斯曼帝国马其顿的科普里，从小她就开始思考人生。12岁时，她感悟到自己的天职是帮助穷人。17岁时，她决定到爱尔兰的劳莱德修女院学习。1937年，特蕾莎完成了修会的训练，正式宣誓成为修女，并被指派到隶属加尔各答的圣马利亚女校教授地理和历史。

然而，特蕾莎并不想让自己停留在圣马利亚女校中。当地的士绅把孩子送入这个学校，期望孩子在学校能接受最好的教育。然而，在加尔各答圣马利亚女校的墙外却布满了脏乱、污秽的贫民窟。特蕾莎看见贫民窟与贵族学校的对比，心中产生了深深的自责。她知道，贫民窟才是她要去的地方，她要进入最穷苦的人群当中。于是，她脱下了道袍和鞋袜，穿上印度妇女的白色纱丽，打着赤脚，走出环境舒适的修道院，来到大街上，和穷人一起生活，靠乞讨和捡垃圾帮助穷人。

她的行为遭到一些传教士的反对，他们认为她损害了教会的形象和尊严。但是，她没有退缩，还进一步提出了成立"仁爱传教会"的设想。经过反复争取，她的申请终得到了罗马教廷的批准。她的追随者越来越多，名声也越来越大。这时她又遭到一些印度"爱国者"的抗议，说她让加尔各答这座城市和贫困画上了等号，在全世界起到了负面宣传的作用。更不用说，她一直面临教派矛盾和种族冲突，随时都可能有人冲过来高喊"滚出去"。但是她没有退缩，坚持以自己朴素的方式帮助穷人。她的修女会遍及全球多个国家，共有数百座修女院，数百所贫民学校、医院、救济所和孤儿院，她一生都在奋力拯救那些在贫穷和苦难中挣扎的平民。

特蕾莎修女创建的仁爱传教会有4亿多美金的资产，全世界最有钱的公司都争相给她捐款。但是她一生却坚守贫穷，她住的地方只有两样电器，一个是电灯，一个是电话。她的全部财产是一个耶稣像、几件衣服和一双凉鞋。她平时不穿鞋，因为很多印度穷人没有鞋穿，如果她的脚上有鞋子，看到穷人也会把鞋子送给他们，这个习惯一直坚持到她逝世。

特蕾莎选择放弃富裕的生活而去帮助那些生活痛苦的人们，这种高贵的品质并非那些妄想用财富来"显贵"的人能够体会得到的。精神的高贵源自于对生命的尊重和对人性尊严的尊重，气质与精神的富足也正是通过给予他人的帮助和社会的贡献才得以实现。事实证明，往往想利用高档香槟、红酒、名车、高尔夫等所谓的高级物质来显示自己身份高贵的人，往往才是最为短视之人。

高贵似黄金，高贵是一种精神信仰，一个内在高贵的人即使他身处异处，也不会因命运的践踏而枯萎，他能用他的高贵去赢得赞许、征服他人。人之高贵，不在于地位，不在于金钱，不在于华丽的衣裳，不在于丰盛的晚餐。人之高贵，全在于内心的高贵。外在的东西固然重要，但并不是幸福的必需。富而不贵，富而庸俗，富而空虚，是暴发户的精神写照。

总之，高贵离不开一点：内心的完美。如果没有良好的道德品质，完美的内心世界，再漂亮的外表，也只能充当服装店里的衣架子而已。

气质非凡，展现个人魅力

如果问什么是气质，哈佛人会告诉你：气质是一个人内在涵养和外在行为谈吐、待人接物的方式态度等的总和。一个人内在涵养和外在修饰完美融合，就会由内而外散发出迷人的精神气质，这也是哈佛大学给世人的最宝贵财富。气质不是模仿来的，而是通过学习培养出来的。

气质是能力、知识、阅历、情感、生活的一种综合外在表现，来自丰富的、深厚的信仰与底蕴，是着急不得、模仿不来的。人们常说"穿上龙袍也不像太子"，怎么装也装不像。的确，气质是一种特有的，不可以学作，不可以模仿的，内在的由精神到举止的修养。

在现实生活中，有相当多的人只注重穿着打扮，并不怎么注重自己的气质是否给人以美感。诚然，美丽的容貌，时髦的服饰，精心的打扮，都能给人以美感。但是这种外表的美总是肤浅而短暂的，如同天上的流云，转瞬即逝。如果你是有心人，则会发现，气质给人的美感是不受年纪、服饰和打扮局限的。一个人的真正魅力主要在于特有的气质，这种气质对同性和异性都有吸引力，这是一种内在的人格魅力。

英国女王伊丽莎白二世的气质可能是女人所能呈现出来的最优雅状态，这种完美并不依赖于王冠为她带来的耀眼光芒，同时还源于她高贵的气质。

从公主到女王，伊丽莎白二世一直在跟随时代不断转换着自己的形象，而她的个性、形象与责任感和这一切所带来的持久威信始终未变。虽然私生活一直是媒体所关注的对象，但是在英国王室一贯持有的保护隐私的原则之下，伊丽莎白二世不仅显得神秘，更给人一种捉摸不透的感觉。

女王在英国人民中的威信非常高，就连一向挑剔的英国报界也极少批评她。她冷静而又严肃，虔诚而富有爱心，而这些特征早已成为英国女性的道德典范。虽然时代的进步令至高无上的王权被瓦解，但女王的威信依然存在，这得益于她始终端庄的言行和高贵的气质。

气质代表人的一种品格，是全方位的综合体现，高雅的气质总是令人赏心悦目的。一个真正有气质的人，即便没有锦衣玉食的衬托，生活简朴，也能通过端庄的形象、礼貌的谈吐等一系列日常的行为举止传递给人优雅的印象。

气质美看似无形实有形，通过对待生活的态度、个性特征、言行举止等表现出来，外化于举手投足之间。谈吐自如是一种风度，笑对群儒是一种境界，巧舌如簧是一种能力，这些都是气质所彰显出来的美。

气质是一种永恒的诱惑，因为它不是单靠外貌就能获得的，还要拥有丰富的智慧与知识，拥有迷人的气度与较高的综合素质。气质可以让一个人在人群中脱颖而出，也可以让一个人获得更多的朋友和支持。

气质与修养不是某一类人的专利，它是属于每一个人的。气质与修养也不是和金钱、权势联系在一起的，无论你何种职业，多大年龄，哪怕你是这个社会中最普通的一员，你也可以拥有贵族的气质与修养。所以，气质对于每一个人来讲都是公平的，每一个人都能够得到，并且都有机会展现。

哈佛学者认为，气质不是一朝一夕养成的，它是一种精神的素质。它不是时髦，不是漂亮，也不是金钱所能代表的生活方式，它常常是一种纯粹的细节所衬托出来的点点滴滴。外在的东西永远都是变化的，再流行的东西也会有过时的那一天，唯有气质来自于数代的积淀和修炼，历久弥新。

真正高贵脱俗、优雅绝伦的气质，需要的是全方位的修炼和岁月的不断沉淀，如梦中的一抹花影，像生命的一缕暗香，渗入人的骨髓与生命之中，让人们面对岁月的无情流逝时，仍然能够拥有一份灵秀和聪慧，一份从容和淡定。所以说，优雅的气质不可以用金钱、权力这些身外之物来伪装，而是只有内心的升华才可以提升气质，即内心的优雅才是真正的优雅。

有教育，更要有教养

哈佛人所以能够拥有令人景仰的气质，其内在原因在于他们有着深厚的教养，教养是哈佛气质的一个重要内涵。在哈佛人看来，教养程度的高低是衡量社会文明程度的一个重要标准，教养是一个人所必备的基本美德。个人的文明修养，更直接地影响着子女和后代，而群体的教养则决定了一个国家和民族的修养。

18世纪末政治家、思想家勃客曾写过这样的话："教养比法律还重要……它们依着自己的性能，或推动道德，或促成道德，或完全毁灭道德。"一个人可以不聪明，可以不可爱，甚至可以没有远大的理想，但是不能没有教养。教养是一种潜在的品质，没有教养、没有规矩的人注定会成为这个社会摈弃的废品。

有一家外资企业高薪招聘应届大学毕业生，对学历、外语的要求都很高。应聘的大学生过五关斩六将，之后到了最后一关——总经理面试。一见面，总经理便说："很抱歉，年轻人，我有点急事，要出去十分钟，你们能不能等我？"这仅剩的几位大学生们都说："没问题，您去吧，我们等您。"经理走了，大学生们闲着没事，围着经理的大写字台看，只见上面文件一沓，信一沓，资料一沓，都是些什么呢？他们你看这一沓，我看那一沓，看完了还交换："哎哟，这个好看，哎哟，那个好看。"

十分钟后，总经理回来了，他说："面试已经结束，你们中的那一位同学留下，其余都没有被录用。"大学生们个个瞪大了眼睛，"这是怎么回事，面试还没开始呢？"总经理说："我不在的这一段时间，你们的表现就是面试。很遗憾，本公司从来不录用那些乱翻别人东西的人。"

这家公司为什么不录用他们呢？因为真正优秀的学生应该是有良好习

惯的，而这几位大学生没有尊重他人，未经允许乱翻他人东西，表现出没有教养。毋庸讳言，当下有不少人缺乏教养，很多人受过教育，但没有教养，总是做出一些不好的行为。

教育不等于教养，有教育不等于有教养，教育和教养是两个完全不同的概念。教育教给人的的确是科学文化知识、逻辑分析能力等；而教养则教会人如何做一个人，如何尊重别人并且也得到别人的尊重，如何遵守社会道德规范，做一个中规中矩的人等。教育和教养的区别是很大的。一个接受过良好教育的人，并不代表他拥有了良好的教养。为什么很多人才高八斗，学富五车，却不受人欢迎？是因为他们的教养不够，态度不好。受人喜爱和欢迎的人，则是懂得做人的人，有教养的人。

教养并不一定取决于文化高低、出身贵贱，而教养又的确说明人的素质优劣。教养是超越人性本能的一种控制力、约束力，能否约束好自己是有教养的体现，它是一种美德，能锻炼一个人的恒心。有教养的人之所以能得到人们的尊敬，就在于他们不会纵容自己，他们总是不断地反省自己，永远地自律，让约束这把剪刀不断修整着自己不完美的曲线，在世人面前彰显君子风度。

维特门是哈佛大学毕业的著名律师，被选为州议员后，他穿着乡下人的服装，从农庄来到了波士顿，在一家旅馆的客厅里坐下休息。这时候他听到一群绅士、淑女在议论："嗬，来了一个地道的乡巴佬，我们逗逗他。"

于是，他们就围了过来，向他提出各种各样的怪问题，企图嘲弄他。维特门站起来说："女士们、先生们，请允许我祝愿你们愉快和健康。在这文明的时代里，难道你们不可以变得更有教养、更聪明些吗？你们穿着高贵，言辞如此，这是虚伪。你们仅从我的衣着看我就不免看错了人，以为我是乡巴佬。而我呢，因为同样的原因，还以为你们是绅士、淑女。其实，我们都错了。"

这时，有人进来尊称维特门先生，维特门转过身来，对那伙呆若木鸡的人说："再见了，祝你们晚安。"

教养是一个人的品德和文化的修养，它直接的外在表现就是一个人的文明素养，一个有教养的人一定是一个懂礼的人。一位哈佛大学的教授曾说过："如果你失去了今天，你不算失败，因为明天会再来；如果你失去了金钱，你也不算失败，因为人生的价值不在于钱袋子；但如果你失去了教养，你就是彻彻底底的失败了，因为你失去了做人的根本，注定没有未来。"

现代社会中，有教养的人总会表现出良好的个性，受到人们的欢迎。一个人如果没有才华，不会有人怪他，但是如果一个人没有好的教养，即使他才高八斗、学富五车也不会有人看得起他。教养是一种潜在的品质，一个有教养的男人总是让人心生好感；而一个有教养的女人，总是让人如沐春风。

教养是文明规范，是文明社会的道德基石。得体的教养，有助于人们获得社会认可和幸福的生活，有助于人们建立积极和谐的社会关系，也有利于表现良好的公共形象。教养的基础，是理解和尊重他人，并且不妨碍他人。教养是良好的社会规范的表现，不是随心所欲，更不是唯我独尊。教养在善待他人的同时也善待了自己。真正的教养源自一颗热爱自己和热爱他人的心，不是做给别人看的，而是发自内心的。

气场是一种内在特质

气场是最直接呈现一个人气质、学识、修养、品位的综合魅力指数，也是每个人提升自我、成就事业、获得尊重、得到幸福、改变命运的人生必修课！

气场是一个抽象的概念，看不见，摸不着，但它又是真实存在的。对于气场的定义，当前还没有一个很权威且被公认的描述方式，在各类学术著作中也是仁者见仁、智者见智。气场这东西说起来很玄妙，美国心灵励志大师皮克·菲尔专门写了《气场》一书来阐述此道："气场这个词总是令人很困惑。正如人们在生活中遇到的许多麻烦一样，很难找到根本的解释。气场就是吸引力，使得人们的目光总是被你吸引，无论你是好人还是坏人，都备受关注……每个人都有一种独特的气场，不管它给你带来的是好运，还是让你讨厌的霉运。"

其实，只要仔细考察它们，我们就能发现——气场并不神秘，任何人乃至任何以物质形式存在的东西都会有气场。而从人类的角度来分析，气场就是一种围绕在人体周围的能量场，它以人的身体为中心，向周围散发。气场是每个人独一无二的精神名片，直接呈现一个人气质、学识、修养、品位的综合魅力指数。

20世纪70年代，一名小男孩和自己的父亲参加好莱坞电影明星到场的豪华酒会。当时，到处都是奢侈的装饰品，漂亮的女明星，还有很多衣冠楚楚的大商人和政治家，可以说参加酒会的都是社会的上层人物，但是，当一个女人出场的时候，所有刚才的富贵和奢华都变得暗淡无光。她的光芒四射，气质压人，每个人的目光都集中在了这个女人身上，并且情不自禁地向她走过去，希望能够和她握手，与她交谈，和她成为朋友，哪怕只能被她瞥一眼也是一件很兴奋的事情。

这个女人的身影和面容，甚至当时的场景，让这名小男孩记忆犹新。后来，当小男孩长大一些的时候，才知道那个女人就是当时最著名的演员——玛丽莲·梦露，一个不论出现在哪里都会立刻吸引所有人注意的女人，她会夺取所有人的目光，集万宠于一身。

强大的气场是一个人的存在感和吸引力之所在，是他身上无与伦比的光环。哈佛大学的研究发现，世界范围内任何成功人士的成功秘密都是强大气场引起的，像我们熟悉的微软前总裁比尔·盖茨、股神巴菲特、苹果公司的史蒂夫·乔布斯、俄罗斯总统梅德韦杰夫、美国总统奥巴马、世界著名的脱口秀主持人奥普拉等。几乎每个人都从气场的运用中得到了启迪和力量，政治家用气场赢得选民的支持，商人用气场赢得难以估量的财富，娱乐明星用气场博取人气，普通人用气场获得幸福。正如一句话所说：只有气场对了，事儿就成了！

生活中，如果你看到一个人，你的目光不自觉地被他吸引，那就说明他的气场很强大。气场强大的人总是无比自信，不断地、毫无顾忌地向外扩张吸引力。他们讲话有底气，讲了大家会听，听了还会记住，记住了还会去学。总之，他们会带动周围人的情绪，让周围人的注意力不自觉地集中到他的身上。靠近这类人，会让你忘掉你原本的个性，甚至完全被"吞没"。总之，气场就是一种看不见、摸不着的无形能量，但却能体现在我们的言谈举止中，影响着每个人的生活、工作、情感等。而且，气场既是个人能力的体现，同时又能够影响他人。

特蕾莎修女是百年诺贝尔奖历史上最受尊崇的三位获奖者之一，她受到了全世界人的爱戴。特蕾莎修女虽然身高只有五英尺（1英尺≈0.3米），衣着简朴，而且一贫如洗，但是她的身上却有着强大的气场。就算面对世界上最雄辩的执行总裁、最盛装华服的电影明星或者最有身价的体育明星，她也丝毫不会相形见绌。多年来，特蕾莎修女凭着一股正气，奔走呼号，让许多执行总裁意识到了穷人们的困境。也正是靠着这一气场，她成功地说服了他们资助自己的事业：建立孤儿院、收容所、麻风病院、医院和施粥场。到她离世之际，无数民众无不为之动容。

气场，它是一种力量，能将他人从你身边推开，也能将他人吸引到你的左右；它是一束耀眼的光，让人们在人群中只注意到你的存在，崇拜你、仰慕你；它具有一种魔力，让你"心想事成"，顺利实现所有的想法……

人与人交往，是气场与气场的较量。不是你影响对方，就是对方影响你。气场强大，你就是人生的掌控者与操盘手。用气场感染人、影响人、说服人，让别人喜欢你、佩服你、感激你。

我们所需要的气场，是一种通过自身正面积极、强大向上的综合魅力，带给周围的人或事的一种有益的吸引力和影响力。它会带给我们人生的幸福与成功，帮助人们成为事业与家庭两条战线的重要角色，让你的魅力无所不在，使你如鱼得水、游刃有余。

一个人的气场并不来自他的出身、学历或者命运的恩赐，而是来自于一个人的精神状态，包括信念、坚持与奋斗。拥有不服输的信念时，你会发现自己身上有一股用不完的力量；为了梦想不断坚持时，你会发现自己身上有一种解决所有问题的能力；为了获取成功不懈奋斗时，你会发现自己身上有一种超越自我的能量……这样的气场才是真正强大的气场，也是每个人都能够拥有并且值得拥有的气场。所有成功人士的辉煌也正是植根于这样的气场之中。如果你一直保持积极乐观，并对自己的既定目标有着强烈的渴望，你的气场的能量就会以常人难以置信的速度帮你在第一时间实现你的目标。

保持忠诚的品质，你就会赢得他人的信赖

忠诚是人类高贵的美德之一，美国之父本杰明·富兰克林说过："如果说，生命力使人们前途光明，团体使人们宽容，脚踏实地使人们现实，那么，深厚的忠诚感就会使人生正直而有意义。"在现代汉语词典中，忠

是忠诚的意思；诚是（心意）真实的意思；忠诚，即（对国家、人民、事业、领导、朋友等）尽心尽力、没有二心。在现实生活中，忠诚体现为个体对组织义务的崇敬与恪守、对组织目标坚定的一种人生信仰，它是一种境界，更是一种行动。

忠诚是一种信仰，信仰催生忠诚。它是无形的，却有着巨大而有形的力量；它是无声的，却鸣着神奇如春雷一般的回响。

哈佛学者认为，在战乱时期，检验一个人是否忠诚，就要看他在敌人的软硬兼施下能否坚守立场、不叛变。而现在远离战乱，处于和平发展的时期，"忠诚"二字被赋予了具有时代意义的新内涵、新要求，就是必须具有坚定的信仰、立场及态度，在大是大非面前时刻保持清醒的头脑。

刘易斯是一家企业的业务部副经理，他聪明能干，毕业短短两年能够业绩卓著。然而半年之后，他悄悄离开了公司。

原来，刘易斯在担任业务部副经理时，曾经收过一笔现款，而当时业务部经理说可以不入账了："没事儿，大家都这么干，你还年轻，以后多学着点儿。"刘易斯虽然觉得这么做不妥，但是他也没拒绝，半推半就地拿了5000美元。当然，业务部经理拿到的更多。没多久，业务部经理就辞职了。后来，总经理发现了这件事，刘易斯也不能在公司待下去了。

刘易斯很后悔，但是有些东西失去了是很难弥补回来的。刘易斯失去的是对公司的忠诚，还能奢望公司再相信他吗？

为丧失忠诚所付出的代价，得到的是耻辱。而诱惑——无论什么样的诱惑，既是忠诚最大的陷阱，也是对忠诚最大的考验。面对诱惑，有多少人禁不住考验而丧失忠诚，昧着良知出卖了一切。其实，在他出卖一切的时候，也出卖了自己。

忠诚是一种品德，更是一种能力。忠诚的核心是真，忠诚不谈条件、不讲回报，它是一种责任，是一种操守。歌德说："保持人格不仅靠功劳，也要靠忠诚。" 人们永远尊重忠诚的人，就像永远尊重对自己的人格负责的人一样。正是有了千千万万为事业忠诚的人，社会才有了精神的中流砥柱和前景的源泉。

忠诚是一个人的优势和财富，它能换取他人对你的信任和坦诚，能换来他人对你的赞许，能使你的心灵得到净化。如果有了忠诚的美德，总有一天，你会发现它会成为你巨大的财富。相反，如果你失去了忠诚，那你就失去了做人的原则，失去了成功的机会。

忠诚是一种信仰，是一个人生命中最重要的行为准则之一。当一个人能够以忠诚为标准，来决定自己该做什么、不该做什么时，他就将是一个能够创造价值的人。当你信仰什么，你就会拥护什么，并与你所拥护的站在同一个立场上。作为一种立身处世的信仰，忠诚也是行为的导向。

真诚是最温暖的气质

何谓真诚？真诚就是真实、诚恳、实事求是，没有一点虚假。如果

一生不可不读的哈佛情商课

一个人拥有了真诚的品质，他就会交很多的知心朋友，他的路也会越走越宽。

真诚是人际交往得以延续和深化的保证。哈佛学者认为，真诚待人，首先要做到的就是热情关心他人、真心帮助他人而不求回报，对朋友的不足和缺点能诚恳批评。对人、对事实事求是，对不同的观点能直抒己见而不是口是心非，既不当面奉承人，也不在背后诽谤人，做到肝胆相照、赤诚待人、襟怀坦荡。

真诚是人与人之间沟通的桥梁，只有以诚相待，才能使交往双方建立信任，并结成深厚的友谊。我国著名的文学翻译家、作家傅雷先生曾说过："一个人只要真诚，总能打动人的，即使人家一时不了解，日后也会了解的……我一生做事，总是第一坦白，第二坦白，第三还是坦白。绕圈子，躲躲闪闪，反而叫人疑心；你要手段，倒不如光明正大，实话实说，只要态度诚恳、谦卑、恭敬，无论如何人家不会对你怎么样的。"

真诚是一种难得的品质，同时它也是一个人的素养。拥有真诚的人是世界上最富有的人，因为他们拥有人类最贵的精神财富。

曾经有一个年轻的小伙子，他与年迈的父亲一同住在海边。性格孤僻的他，很少与同龄人一同玩耍，因此，他天天坐在海边与海鸥一同嬉戏。

久而久之，他与海鸥之间形成了一种默契，只要他站在海边，吹一声口哨，就会出现成百上千的海鸥降落在他的周围。他跑，海鸥盘旋在他的上空；他坐，海鸥落在他的肩上；他躺在沙滩上，海鸥就在他的身上憩息。远远望去形成了一道美丽的风景，人人见了无不称奇。

后来，有人对他父亲说："你儿子与海鸥的关系如此亲密，就拜托他捉几只回来玩玩。"父亲也觉得新鲜，就对他说："乡亲们说你经常与海鸥一起嬉戏，关系甚是友好，给我也捉一只来吧，我也想体验一下那滋味。"小伙子点头答应了父亲的请求。

第二天，他与往日一样，刚到海边，就吹起了长长的一声口哨，一群海鸥马上就出现在他的上空。可是，奇怪的事情发生了，无论他多么努力吹口哨，海鸥仍然盘旋在他的上空，就是不肯与他接近。小伙子深深地低下了头。

可见，做人要真诚。离开了真诚，则无友谊可言。一个真诚的心声，才能唤起一大群真诚人的共鸣。只要真诚对待对方，才能赢得对方的信赖。

真诚是做人的根本。德国有句谚语："一两重的真诚，其值等于一吨重的聪明。"那些取得巨大成功的人都有许多共同的特点，其中之一就是为人真诚。如果你是一个真诚的人，人们就会了解你、相信你，不论在什么情况下，人们都知道你不会掩饰、不会推脱，都知道你说的是实话，都乐于同你接近，因此也就容易获得好人缘。

真诚待人是与人交往的根本。对人真诚，别人也会真诚待你；你敬人一尺，别人自会敬你一丈。交往中，以诚待人是处世的大智慧。只有以诚待人，才能在感情上引起共鸣，才能相互理解、接纳，并使关系进一步巩固和发展，从而获得他人的更多帮助。

处变不惊，保持淡定

在现实生活中，人们总会面临一些不幸和烦恼，但每个人的表现却大不相同。有些人面对从天而降的灾难泰然处之，总能冷静地、心平气和地接受；也有的人在面临突变时，方寸大乱、一蹶不振，从此浑浑噩噩。为什么受到同样的心理刺激，不同的人会产生如此的反差呢？原因在于他能否冷静应变。任何一个拥有冷静平衡心态的人，在面临任何一个突变时，都不会被突变所击垮。

古今中外，凡是成功之人，定有遇事不慌、保持淡定的特点，也只有这样，他们才能正确地判断局势，应变局势，取得成功。因此，处变不惊、保持淡定往往是成功的必要因素。

几个人去参加一个私人宴会，中途突然有一条毒蛇钻了进来。当这条毒蛇从餐桌下面爬到女主人的脚背上时，女主人先是一惊，但并未慌乱，而是立即冷静了下来，一动不动地让那条蛇爬了过去，然后她叫身边的侍童端了一盆牛奶放到了开着玻璃门的阳台上。

这时，一起用餐的一位男士注意到了这件事情，他知道将牛奶放在阳台上是引诱毒蛇的一种方式。他意识到房间里有蛇，便抬眼向房顶和四周搜寻，却并没有发现，所以，他断定蛇肯定在桌子下面。

他平稳了一下情绪，为了不让大家受到伤害，他没有警告大家注意毒蛇，而是沉着冷静地对大家说："我和大家打个赌，考考大家的自制力，我数300下，这期间你们如能做到一动不动，我将输给你们100比索；否则，你们就输掉100比索。"顿时，餐桌边的人们都一动不动了，当他数到280下时，那条毒蛇向阳台的牛奶盆爬去。于是，他立即大喊一声扑上去，迅速把蛇关在玻璃门外。

客人们见此情景都惊呼起来，而后纷纷夸赞这位男士的冷静与智慧。

故事中的女主人和男士在身处险境时表现出的淡定从容的态度是令人钦佩的，两个人临危不惧、冷静沉着、机智应对并化解了危机。倘若两个人一早就大呼"有蛇"，或表现得神情紧张，那么恐怕早就命丧黄泉了。正因为他们的这种淡定的素养，使得在危急关头能够急中生智展现出非凡的气度。这种气度是一般人所不能具备的。由此我们可以看出，淡定之心是面临危机时所体现的高贵气质，也是冷静思考的前提条件。

美国一位老驾驶员，他有许多年的飞行经验，在一次采访中，他介绍了自己飞行史中一段最不寻常的经历。这段经历大概是这样的：在第二次世界大战期间，他是F6型飞机的驾驶员。一天，他们接到战斗命令，从航空母舰上起飞后，来到东京湾，他按要求把飞机升到距离海面300英尺的高度做俯冲轰炸。正当他以极快的速度下降并开始做水平飞行时，飞机左翼突然被击中，整架飞机翻了过来。人在飞机中是很容易失去平衡感的，尤其在天和海都是蓝色的时候。飞机中弹后，他需要马上判断他的位置，以便决定他应该向上还是向下操纵他的飞机。在他的飞机中弹的最初一瞬，他什么也没有做，没有去碰驾驶舱里任何一个控制开关，只是强迫自己冷静思考，绝不能激动。于是，他发现蓝色的海面在他的头顶上，他知道了自己的飞机是翻转的。这时，他迅速推动操纵杆，把位置调整了过来。若是刚才他冲动地依靠他的本能，一定会把大海当作蓝天，此时只有一头撞进海里葬身鱼腹。这位老飞行员在回忆时，语重心长地感慨道："是我的冷静挽救了我的性命。"没错，当时这个驾驶员在机翼被击中时，如果不能冷静下来，只是胡乱地按飞机的操作按钮，浪费时间，那么那次飞行将会是他的最后一次飞行。

一个人在危急关头能够保持淡定冷静，并做出正确的判断和决定，即便是在大难临头时，也能逢凶化吉、转危为安。

古语有云："胸有激雷而面若平湖，可以拜上将军。"做大事的人，需要遇事冷静、不急不躁的气质。这样才能在逆境中保持信心，冷静思考，沉着应对，转败为胜。

保持低调，做事不张扬

"哈佛"这个汇聚全球精英的校园，承载了世人几多幻想。然而真实的哈佛大学竟然是这样的：从不见华贵服饰，不见名贵皮包，不见化妆的学生教师，也不见豪车接美女，不见晃里晃荡的人在校园闲逛，只有匆匆的脚步，坚实地写下人生的足迹。这就是真实的哈佛大学，低调而不张扬。

俗话说："地低成海，人低成王。"低调是一种性格和作风，更是一种思想和人生的哲学。然而在如今这个崇尚个性、张扬自我的时代里，很多人认为只有高调做事，才能展示自己的才能和魅力，获得他人的关注，赢得良好的口碑。但事实上，过于张扬、招摇于市，高调行事，非但不能如愿以偿，反而惹人忌恨，遭到诋毁和攻击，使自己的人生和事业蒙受挫折和损失。

英国戏剧家萧伯纳成名后赢得了很多人的尊敬和仰慕，但是年轻时的他特别喜欢展露锋芒，说话也尖酸刻薄，谁要是跟他说话，便会有受到奚落的感觉。一天，一位老朋友私下对他说："你出语幽默、风趣，但是大家都觉得，如果你不在场，他们会更快乐。因为他们比不上你，有你在，大家便不敢开口了。你的才干确实比他们略胜一筹，但这么一来，朋友将逐渐远离你，这对你又有什么益处呢？"老朋友的话使萧伯纳如梦初醒，他感到如果不收敛锋芒，彻底改过，社会将不再接纳他，又何止是失去朋友呢？所以他立下誓言，从此以后，再也不讲尖酸的话了，要把天才发挥在文学上。这一转变不仅奠定了他后来在文坛上的地位，同时也广受各国读者的敬仰。

一个人不管取得了多大的成功，不管名有多显、位有多高、钱有多丰，也要学会低调。张扬和显示自己，那只是肤浅的行为，只会让自己陷入尴尬的境地。

低调是做人的最佳姿态，也是一种高贵品质。拿破仑曾经说："有才能往往比没有才能更危险，人不可避免地会遇到轻蔑，却更难不变成忌妒的对象。"所以越是有才华的人，就越要保持低调。一个真正成熟的人，一个对生活圆融通达的人，在自己志得意满的时候，在自己功成名就的时候，他们会时时警醒自己低调一些，再低调一些，提醒自己放低姿态，摆正心态，以谦恭礼让的态度待人，以谨小慎微的态度处事，有功不自夸，有过常自省。

低调是一种心态。人生而平等，不管我们来到这个世上，我们拥有多少优越的条件，都不能骄傲。我们要以一颗平凡的心与别人相处。诚然，通过我们的努力，哪天我们得到了荣誉的地位，我们也不能把自己看得高高在上，也应该以一种低调的心态与别人相处，只有这样我们才能真正让别人佩服。

　　乔治·华盛顿是美国的第一任总统。他正是靠着他那平易近人的领导风格赢得千万美国人的尊重和拥戴。华盛顿虽然是个伟人，但他若在你面前，你会觉得他普通得就和你一样，一样的诚实、一样的热情、一样的与人为善。

　　有一天，他穿着一件过膝的普通大衣独自一人走出营房。他的低调让遇到的每一个士兵都没有认出他。当来到一条街道旁边时，他看到一个下士正领着手下的士兵筑街垒。那位下士双手插在裤袋里，站在旁边，对抬着巨大石头的士兵们喊道："一、二，加把劲！"但是，尽管下士喊破了喉咙，士兵们也经过了多次努力，还是不能把石头放到预定的位置上。他们的力气几乎用尽，石块眼看着就要滚下来。这时，华盛顿疾步跑到跟前，用强劲的臂膀顶住了石块。这一援助很及时，石块终于放到了位置上。士兵们转过身，拥抱华盛顿，表示感谢。

华盛顿转身向那个下士问道："你为什么光喊加把劲却不帮一帮大家呢？""你问我？难道你看不出我是这里的下士吗？"那位下士背着双手，霸气十足地回答道。

华盛顿笑了笑，然后不慌不忙地解开大衣纽扣，露出他的军装："按衣服看，我就是上将。不过，下次在抬重东西的时候，你也可以叫上我。"那位下士这时候才明白自己遇见的是谁，顿时羞愧难当。

低调做人是一种品格，一种姿态，一种风度，一种修养，一种胸襟，一种智慧。越是功成名就的大人物越懂得放低姿态并以平凡的姿态示人。正如小溪、江河抑或是大海一样，总是以自己最为天然的姿态出现在蓝天澄宇之下。那些深知做人之道的人，大都是能够摆正自己位置的人，而把自己看成高人一等的人，一定是世界上最愚蠢的人。

放低姿态，保持低调，是一种人格魅力，是我们每个人应该持有的生活态度。放低姿态，并非是妥协、退让、懦弱，而是一种智慧，一种远见，是一种对他人的尊重！

爱心所至，必将春风化思雨

爱是人世间最珍贵的感情。爱心是人类最美好的品质，它是人性的基础。一个没有爱心的人，它是冷漠的，与社会脱节的。

世上每个人都期望得到爱。爱的力量是伟大的，是无可比拟的。它穿越时空，照亮一个人心中的黑暗；它无私而高尚，融化人们冰冷的心田；它不求回报，心甘情愿地付出。给人以爱，你也将处处得到爱。

这是美国东部的一个风雪交加的夜晚，推销员克雷斯的汽车坏在了冰天雪地的山区中。野地四处无人，克雷斯焦急万分，因为如果不能离开这里，他就只能活活冻死。这时，一个骑马的中年男子路过此地，他二话没说，就用马将克雷斯的小车拉出了雪地，拉到了一个小镇上。当克雷斯拿出钱对这个陌生人表示感谢时，中年男子说："我不要求回报，但我要你给我一个承诺。当别人有困难的时候，你也尽力去帮助他。"

在后来的日子里，克雷斯帮助了许许多多的人，并且将那位中年男子对他的要求同样告诉了他所帮助的每一个人。

六年后，克雷斯被一次骤然发生的洪水围困在一个小岛上，一位少年帮助了他。当他要感谢少年时，少年竟然说出了那句克雷斯永远也忘不了的话："我不要求回报，但你要给我一个承诺……"克雷斯的心里顿时涌起了一股暖流。

爱心是无价的，它不需要回报，但却可以心心相传。大千世界，茫茫人海，"献爱心"说难其实也不难，境由心生，事在人为。一个人如果能把爱心当作一种力量运用在自己的人生中，那么无论遇上什么样的困难，什么样的挫折，就都能战胜，对于自己想要完成的事，几乎可以说是无所不能。

"爱心"是人道主义的核心，是人类所有感情中最高贵、最纯朴、最真挚的情感，是人类社会向前发展的最根本原因。从古至今，有一颗善良友爱的心一直是人们所推崇的。

瑞恩是加拿大一个普通家庭的一个普通男孩。六岁的小瑞恩读小学一年级时，听老师讲述非洲的生活状况：孩子们没有玩具，没有足够的食物和药品，很多人甚至喝不上洁净的水，成千上万的人因为喝了受污染的水死去。

老师说："我们的每一分钱都可以帮助他们，一分钱可以买一支铅笔，60分就够一个孩子两个月的医药开销，两块钱能买一条毯子，70加元就可以帮他们挖一口井……"瑞恩深受震撼，他想为非洲的孩子挖一口井。

不过，她的妈妈并没有直接给他这笔钱，也没有把这个想法当成小孩子头脑一时发热的冲动。妈妈对瑞恩说："家里一时拿不出70加元，你要捐70加元是好的，但是你需要付出劳动。"妈妈让他自己来挣这笔钱，她说："孩子你要多干一些活，多承担一些家务，慢慢地积攒，等积攒到一定时候，就能够有这些钱了。"瑞恩说："好，我一定多干活。"

于是，瑞恩开始承担正常家务之外的更多事了。哥哥和弟弟出去玩，他吸了两小时地毯挣了两块钱；全家人都去看电影，他留在家里擦玻璃赚到第二个两块钱；他还要一大早爬起来帮爷爷捡松果；帮邻居捡暴风雪后的树枝……

瑞恩坚持了四个月，终于攒够了70加元，交给了相关的国际组织。

然而，工作人员告诉他："70加元只够买一个水泵，挖一口井要2000加元。"

小小年纪的瑞恩没有放弃，他开始继续努力。一年多以后，通过家人和朋友的帮助，他终于筹集了足够的钱，在乌干达的安格鲁小学附近捐助了一口水井。

事情至此并没有结束，因为还有更多的人喝不上干净的水。瑞恩决定攒钱买一台钻井机，以便更快地挖更多的水井。此后，他便有了梦想：让每一个非洲人都喝上洁净的水，并且他真的坚持了下去。

瑞恩的故事被登在了报纸上。于是，五年后，这当初是一个六岁孩子的梦想竟成为千百人参加进来的一项事业。2001年3月，一个名为"瑞恩的井"的基金会正式成立。如今，基金会筹款已达近百万加元，为非洲国家建造了300多口井。这个普通的男孩，也被评为"北美洲十大少年英雄"，被人称为"加拿大的灵魂"，影响着越来越多的人去爱和帮助他人。

爱是美好品德的核心，是人类最伟大高尚的情感。爱，可以让我们察觉别人的困难，并唤醒我们的良知与感情，我们才会变得宽容而富有同情心，才能了解别人的需要，才会伸出双手去帮助那些受到伤害和需要帮助的人。一个不会爱的人是可怕的，他的感情生活也将一片空白。

爱心，是人性光辉中最美丽、最暖人的一缕。没有爱心，没有人与人之间发自肺腑的关爱，就不可能有人类的进步。拥有爱心不仅会使世界变得美好，而且也会更有助于人自身的身心健康。

爱心不是贵族或富翁行为，人人都能做，只要你愿意付出你的爱心。

第二章
有"礼"走遍天下，
绅士淑女是这样练成的

有礼貌的人走到哪里都受欢迎

　　"礼貌"是人们在相互交往过程中，通过语言、表情、行为、态度表示相互尊重和友好的言行规范。生活在社会这个大家庭中，每人每天都要和各种各样的人打交道，无论是在家庭、学校，还是在社会中，一个人展示给他人的首先是其文明礼貌方面的素养。要想建立起良好的人际关系，就应该先学会礼貌待人。

　　哈佛大学是一个培养人才的地方，不仅仅注重学生的文化知识培养，还注重学生的品格修养。为了让学生感受文明礼貌的重要性，增强学生的自身修养，哈佛大学有一个特别的传统便是要求全校师生在校园里任何场合见面时都要彼此打招呼。即便是对来学校参观的外宾，学生见到了也要有礼貌地上前打招呼。校方表示，打招呼虽是个简单的行为，但影射出的却是学生的个人修养、待人方式，而被打招呼的一方则能感受到哈佛大学温暖祥和的校园文化。对于哈佛大学来说，打招呼这一善意的举动拉近了师生间的距离，同时加强了彼此间的信任，师生在这样的大环境下想不成为绅士淑女都难。

　　礼貌是社会交往中的行为规范，也是人们个人修养的体现。如果缺少了礼貌，一个人会被别人视为缺乏教养而被排斥，甚至惹出不愉快的事情来。"有礼走遍天下，无礼寸步难行。"从这个意义上讲，没有礼貌的人是举步维艰的。

有两个女孩，是一所师范学校的毕业生，模样姣好，穿着入时，可就是不太讲究礼貌。

一次，这两个女孩去一家公司找同学。这家公司的办公室是开放式的，一间大屋里有七八名员工，平日里大家交流、打电话都是轻声细语的，以免相互影响。不想这两个女孩一进屋就如入旷野，大声喊着同学的名字，而且大大咧咧地高谈阔论、左瞅右摸，一副比主人还主人的样子。

两个女孩的言谈举止在大家的心中留下了不好的印象，而且这种印象有意无意间波及了她们的同学，让那位同学也因此而觉得很惭愧。

生活中有很多这样的例子：仅仅因为一个礼节的细节疏忽，便使自己的形象在别人的心目中大打折扣。一般人认为：这不过是一些小节、细节，无碍大雅。然而，不胜枚举的事实证明，就是这些小节往往决定了事情、事业的成败，分辨出了人的文明教养程度。

"做人先学礼"，礼仪教育是人生的第一课。古代人就有"不学礼，无以立"的说法，就是说从小不学好礼仪，长大之后处身立世就会比较困难。

歌德说："一个人的礼貌是一面照出它肖像的镜子。"一个人是否礼貌，绝不只是无足轻重的小事，它表明一个人是否具有道德修养。我们有了礼貌，就有了与人交往的亲和力。有的礼仪形式看似简单，只不过是一个微笑，一声道谢，一种举手之劳，但这不起眼的表现，却可能成为我们立身处世的法宝。

礼貌是一个人自身道德修养和文明程度的体现，可以更好地显示自身的优雅风度和良好的形象。一个彬彬有礼、言谈有致的人，在其人生道路上将会如沐春风，受到人们的尊重和赞扬，而且他自己就是一片春光，给别人、给社会都会带来温暖和欢乐。

礼貌是拉近自己和他人的一座桥梁，懂礼貌的人容易让别人接受，成为一个受欢迎的人。

有一位很有名的剧院经理来拜访大仲马。一见面，他连帽子也没脱下，就火冒三丈地问这位剧作家为什么把最新的剧本卖给一家小剧院的经理。大仲马承认有这么一回事，这位经理于是出了一个远远胜于他对手的高价，想把剧本买回来，大仲马笑了笑说："其实你的那位同行用一个很简单的方法，就以很低的价格把剧本买走了。"

"那是怎么回事？"

"因为他以与我交往为荣，并且一见面就脱下帽子。"

文明礼貌是做人的"身份证"，是我们随身携带的"教养名片"。一个有教养的人必然有良好的文明礼仪，这样的人比较受人欢迎，也就是心理学上所说的"被众人接纳的程度高"。礼貌要从小培养，否则就会形成坏习惯，一旦形成坏习惯，再改就很难了。只要我们从思想上认识到这个问题的重要性，并在生活中不断学习和修正自己的行为，就一定能够成为一个讲文明、懂礼貌的人。

无论何时，你都要尊重他人

与人相处要讲原则，既要尊重自己也要尊重他人。"人不如己，尊重别人；己不如人，尊重自己。"无论身处何位，尊重别人与自我尊重一样重要。所以，与人交往，不论对方的地位高低、身份如何、相貌怎样，都要尊重他人，使人感到他在你的心目中是受欢迎的，从而得到一种心理上的满足，进而产生愉悦。

尊重他人不仅仅是一种态度，也是一种能力和美德，它需要设身处地为他人着想，给他人面子，维护他人的尊严。

哈佛学者认为，没有尊重的交往是不可能持续下去的。只有相互尊重，才能相互平等，相互认可，体验对方的心情，让对方乐于接受。

哲学家威廉·詹姆斯说过："潜藏在人们内心深处的最深层次的动力，是想被人承认、想受人尊重的欲望。"任何人都有自尊和被人尊重的需要，如果你不能满足他人的这种最基本、最简单的需要，那么他人肯定不愿意与你相处。

为了让哈佛学子懂得尊重他人的重要性，一位老教授讲过一个发生在美国纽约曼哈顿的真实故事。

一天，一位40多岁的中年女人领着一个小男孩走进美国著名企业"巨象集团"总部大厦楼下的花园，在一张长椅上坐下来。她不停地在跟男孩说着什么，似乎很生气的样子。不远处有一位头发花白的老人正在修剪花枝。

忽然，中年女人从随身提包里拉出一团白花花的卫生纸，一甩手将它抛到老人刚修剪过的花坛里。老人诧异地转过头朝中年女人看了一眼，中年女人满不在乎地看着他。老人什么话也没有说，走过去拿起那团卫生纸，把它扔进了一旁装垃圾的筐子里。

过了一会儿，中年女人又拉出一团卫生纸扔了过来。老人再次走过去把那团卫生纸拾起来扔到筐子里，然后回到原处继续工作。可是，老人刚拿起剪刀，第三团卫生纸又落在了他眼前的花坛中……就这样，老人一连捡了那中年女人扔过来的六七团纸，但他始终没有因此露出不满和厌烦的神情。

"你看见了吧！"中年女人指了指修剪花枝的老人对男孩大声说道："我希望你明白，你如果现在不好好上学，将来就跟他一样没出息，只能做这些卑微低贱的工作！"

老人听见后放下剪刀走过来，和颜悦色地对中年女人说："夫人，这里是集团的私家花园，按规定只有集团员工才能进来。"

"那当然，我是'巨象集团'所属的一家公司的部门经理，就在这座大厦里工作！"中年女人高傲地说道，同时掏出一张证件朝老人晃了晃。

"我能借你的手机用一下吗？"老人沉默了一会儿说。

中年女人极不情愿地把手机递给老人，同时又不失时机地开导儿子："你看这些穷人，这么大年纪了连手机也买不起。你今后一定要努力啊！"

老人打完电话后把手机还给了中年女人。很快一名男子匆匆走过来，恭恭敬敬地站在老人面前。老人对他说："我现在提议免去这位女士在'巨象集团'的职务！""是，我立刻按您的指示去办！"那人连声应道。

老人吩咐完后径直朝小男孩走去，他伸手抚摸了一下男孩的头，意味深长地说："我希望你明白，在这世界上最重要的是要学会尊重每一个人……"说完，老人撇下三人缓缓而去。中年女人被眼前骤然发生的事情惊呆了。她认识那个男子，他是"巨象集团"主管任免各级员工的一个高级职员。"你……你怎么会对这个老园工那么尊敬呢？"她大惑不解地问。

"你说什么？老园工？他是集团总裁詹姆斯先生！"中年女人一下子瘫坐在长椅上。

这个故事进一步说明只有真正学会尊重他人、尊重身边的每一个人，才能得到他人的尊重，最终才不会使自己受到损失。

现实生活中，我们要学会尊重每一个人，无论一个人的身份和工作多么卑微，穿着或长相有多么寒酸，我们都应当尊重他，这是我们应该具备的良好品质。要知道，尊重没有高低贵贱之分，而且尊重别人就是在尊重自己。

尊重他人是一种美德，是一种高尚的情操。一句古语说得好："君子敬而无失，与人恭而有礼。"只有尊敬别人才能换来别人对你的尊敬，只有互相尊敬才能互相受益。

我们活在这世上，人人都需要别人的尊重与认可，当你主动尊重别人，给人以真诚、温暖与鼓励的时候，他们也将用同样的方式对待你。

敢于道歉，才会赢得别人的谅解和尊重

道歉是哈佛学子必须学习的一种礼貌，也是一个重要的社会技能。生活中，做错了事就要道歉，这是理所应当的事情，任何人都不例外。

其实，道歉是最典型的人品，它不是懦弱，但它是品德高尚的体现，所以道歉是很难得的。1793年1月21日，在巴黎的革命广场，路易十六与皇后一起被革命者执行死刑。当皇后走上断头台时，不小心踩了刽子手的脚，她竟然下意识地说："对不起，先生。"这就是礼貌，一种高尚人格的诠释！

美国公关专家苏珊亚各贝曾说："学会道歉是一个重要的社会技能，真诚的道歉将会使人们感受到人与人之间最美好的情感。"任何人都可能会犯错，是否能够正视错误、改正错误，是衡量一个人的重要标准。只有敢于承认自己错误的人，才能获得别人的信赖。

在一所中学的食堂里，学生们正井然有序地排着队，这时候有一个初三年级的男生被前面的同学一推搡，不小心后退踩了身后一个男同学的脚。因为觉得自己也是受害者，所以，这个男生没有道歉。这可把他身后的男生惹火了，他大声骂了起来："你有没有素质呀，踩到人了不会道歉啊？"

结果这个男生也急了，用胳膊肘狠狠地顶了一下身后的那个同学，于是，两个人扭打成一团。直到老师赶到，才制止了这场可能会进一步激化的打斗。

本来是一件小事，却因为不懂道歉而发展成打斗事件，这是人们所不愿看到的。日常生活中，有时碰撞、得罪了别人，只要道个歉，说声"对不起"，就能"大事化小、小事化了"。可有些人就是学不会、做不来，这反映出一种精神层面的问题，是修养的缺乏，道德的缺失，更是文明的缺乏，文化的缺少。

道歉是抚平心灵创伤的有效良药，是融和人际关系的心灵鸡汤。自己犯错后，要学会认错并乐于道歉，这是一种态度，是化解矛盾、平息事态的一种有效方法，也是一种应有的道德情操。事实上，敢于认错、乐于道歉的人，往往会赢得别人由衷的尊敬。

巴拿马总统里卡多·马蒂内利从2009年7月上任以来，一直觉得自己国家的护照不够精致，决定要对其进行一次大整改。

2010年5月，马蒂内利下令重新设计护照的图案和颜色，并由其亲自审批。历经两个月，巴拿马的国家护照管理局终于按总统的意思，设计并制作了几本护照样品，上交到总统府。这几份色彩光鲜、做工精细的护照样品，很快博得了马蒂内利的赞赏，他要求护照管理局用最快的速度印制并投入使用。

转眼几个月过去了。10月3日这天，稍有点空闲的马蒂内利又把那几本护照样品从抽屉取出来欣赏。突然，他发现护照上有一个非常细微的错误：巴拿马的国徽中有一个十字叉是铁锹和丁字镐，然而这些护照上所印的却是铁锹和长柄方锤。

第二章　有"礼"走遍天下，绅士淑女是这样练成的

国徽出错对于一个国家来说简直是奇耻大辱，马蒂内利决定要为自己所犯的这个失误负责。他先是要求护照管理局立即更正，并用最快的速度赶制新护照，同时要求护照管理局统计出了这些护照的使用数量，竟然高达4万份。这就意味着由于总统的大意，已经有4万个人拿着这些连国徽都出了差错的护照，在世界各地遭受着他人的耻笑。

马蒂内利要求护照管理局用最快的速度把这4万个人的名字打印出来，他要在第二天发表电视讲话，向这4万个人道歉。

10月4日晚上19点，马蒂内利准时走上演讲台，他先是介绍了道歉因由，然后开始念名字。

5分钟过去了，马蒂内利在念名字；半个小时过去了，马蒂内利依旧在念名字；90分钟过去，他们的总统马蒂内利还在一个一个地念着那些名字。

电视机前的巴拿马民众困惑了，难道总统真要把这4万个名字全念完，那得要念多少时间？有不少人打电话给总统府和电视台询问这件事情，他们从工作人员那里得到这样的答复：以平均每个名字花3秒钟计算，总统要念完4万个名字最起码要花掉33个小时，加上中间可能有两次短暂的睡觉，再加上用来上厕所和吃饭的时间，这场电视道歉将会持续50个小时。

用50个小时向4万个人道歉？所有人都被震惊了。

没有人再去计较总统究竟犯了什么错，没有人再去计较护照上的国徽出差错问题到底有多严重，没有人再去计较总统究竟是在向谁道歉，为了总统的身体，他们打来电话，阻止总统继续道歉下去。

马蒂内利没有停止。3个小时后，已经是晚上10点钟了，马蒂内

利还在电视里一个一个地念着名字，他的电视道歉，感动了整个巴拿马，甚至感动了身在国外的巴拿马人。他们纷纷从海外各地打越洋电话回国，劝总统停止道歉。马蒂内利这样回答他们："如果连具体名字都不念，那还谈什么尊重与道歉呢？如果连一个道歉都无法具体地落实到一个人的身上，那还指望我为你们落实什么呢？如果我连为自己承担错误都做不到，谁还能指望我来为这个国家承担些什么呢？"

10点50分，在道歉进行了将近4个小时的时候，有一位海外巴拿马人在电话里说："总统先生，如果您对民众们的建议如此不在意，我们还能指望您今后能听取我们什么建议呢？"

马蒂内利这才有所顾忌似的抬起头来，对着与电话连线的麦克风问："你们真的可以原谅我所犯的这个过失？"

电话连线那端的听众肯定地回答说："总统先生，我们原谅您。"

这一句话让全国上下一片沸腾，所有电视机前的普通百姓，他们不管总统能不能听见，纷纷大声喊道："总统先生，我们原谅您。"直到这时，总统才停了下来，他向着镜头鞠了一个躬，说了一声"谢谢我可爱的巴拿马民众"，随后走下了讲台……

人非圣贤，孰能无过。知错就改，敢于道歉，才会赢得别人的尊重。本杰明·狄斯拉里说："世上最难做的一件事，便是承认自己错了。要解决这种情况，除了坦白承认错误，没有更好的办法。"倘若你发现自己错了，不及时向别人道歉，甚至千方百计找借口为自己辩解，会让事情变得更糟。这时，你不仅得不到别人的谅解，相反，还会受到道德上的谴责和人格、形象上的损害，甚至激化你和别人之间的矛盾，让你成为众矢之的。因此，任何人都不能小看了道歉的作用。

无论什么约会，都不要迟到

人们常说："时间就是金钱，时间就是生命。"时间的重要性不言而喻。既然时间如此宝贵，那么守时就显得更加重要了。

所谓守时，就是遵守时间，履行承诺，答应别人的事情就要在规定的时间范围内完成。守时，不是一件小事。守时不仅是自身素质的一种体现，也是对他人尊重、负责的一种人际关系体现。如果你对别人的时间不表示尊重，你也不能期望别人会尊重你的时间。一旦你不守时，你就会失去影响力或者道德的力量。

有一次，美国著名心理学家米勒应邀到哈佛大学做报告，时间是下午三点。当天的上午他应邀参观了NBC电视台的一个拍摄基地后，他觉得时间还很充足，就和基地的领导一起共进了午餐。谁知乘车去哈佛大学的路上塞车了，结果迟到了一个小时。

会议开始后，主持人一再强调："米勒先生迟到是因为塞车。"但是，走上讲台的米勒先生觉得自己是不可原谅的，他说："各位同学，我在此向大家诚恳地道歉！塞车是常事，但我不应该为自己找借口，我应该把塞车的时间计算在内，做好充分的准备。如果在座的有1000位同学，我迟到的这一个小时，对大家来说，就是浪费了1000

个小时的生产力量，影响1000个人的心情啊！我只能盼望你们的原谅！"他的话不仅赢得了同学们热烈的掌声，更赢得了大家发自内心的爱戴。

守时是一种基本的礼仪。对于不守时的人来说，浪费的不仅仅是自己的时间和生命，同时也在消耗别人的时间和生命。守时是尊重别人的时间和尊重自己的时间。尊重别人的时间相当于尊重别人的人格、权利，尊重自己的时间则无疑是珍惜自己的生命。因此，守时的人更容易获得他人的尊重。

德国民间流传着这样一句话："准时是帝王的礼貌。"的确，守时是一种美德、一种素质、一种涵养，是待人有礼貌的表现。每次的守时，都会给对方留下良好的印象，从而为自己赢得更多的朋友。不遵守时间的人，在浪费自己和别人宝贵时间的同时，也会失去朋友，有谁愿意和一个不懂得珍惜时间、不懂得尊重他人的人做朋友呢？不守时只是一个表象，深层次的原因源于对时间的轻视和对别人的漠视，所以说，守时不单单是礼貌问题，更是人格问题。

德国哲学家康德是一个十分守时的人。一次，他想要去一个名叫珀芬的小镇拜访他的一位老朋友威廉先生。于是，他写了信给威廉，说自己将会在3月5日上午11点钟之前到达那里。半路却因为桥坏了过不了河了，他跑到附近的一座破旧的农舍旁边，对主人说："请问您这间房子肯不肯出售？"农妇听了他的话，很吃惊地说："我的房子又破又旧，而且地段也不好，你买这座房子干什么？""你不用管我有什么用，你只要告诉我你愿不愿意卖？""当然愿意，200法郎就可以。"

康德先生毫不犹豫地付了钱，对农妇说："如果您能够从房子上拆一些木头，在20分钟内修好这座桥，我就把房子还给你。"农妇再次感到吃惊，但还是把自己的儿子叫来，及时修好了那座桥。

马车终于平安地过了桥。10点50分的时候，康德准时来到了老朋友威廉的房门前。康德和老朋友度过了一段快乐的时光，但是他对于为了准时过桥而买下房子、拆下木头修桥的过程却丝毫没有提及。后来，威廉先生还是从那位农妇那里知道了这件事，他专门写信给康德说："老朋友之间的约会大可不必如此煞费苦心，即使晚一些也是可以原谅的，更何况是遇到了意外呢。"但是康德却坚持认为守时是必须的，不管是对老朋友还是陌生人。

守时是一种对别人的尊重，是自己的一份信誉，是一种于细节处相见的美德。它不仅体现出一个人对人、对事的态度，更体现出一个人的道德修养。守时的习惯代表你对自己的控制能力。如果一个人平常的举止行为，没有办法守时的话，那他做什么事情应该也难以如期完成。一个守时的人一定是一个懂得珍惜时间的人，不仅仅要注意不浪费自己的时间，也要时时注意不能够白白浪费别人的时间。管理好自己的时间，就是让自己无论在做什么事的时候都能够轻松应对、游刃有余。一个守时的人，必将获得别人的尊重，也必将赢得自己的成功。

哈佛学者认为，守时是现代交际中彼此尊重的一个重要体现，是一个社会人需要遵守的最起码的礼仪之一。守时，对个人来说是一种好习惯，在与他人的交往中是一种礼貌和信用。守时与否体现了一个人的教养和基本素质，不可小视。

言谈举止优雅，坐立行表现出翩翩风度

举止是一个人自身素养在生活和行为方面的体现，是反映一个人涵养的一面镜子。在中华民族礼仪要求中，"站有站相，坐有坐相，走有走姿"是对一个人行为举止最基本的要求。正确而优雅的举止，可以使人显得有风度、有修养，给人以美好的印象；反之，则显得不雅，甚至失礼。

在日常生活中，我们经常碰到这样的人：他们或是仪表堂堂，或是美艳动人，然而一举手、一投足便可现出其粗俗。这种人虽金玉其外，却是败絮其中，只能招致别人的厌恶。所以，在社会交往活动中，要给对方留下美好而深刻的印象，外在的美固然重要，但高雅的谈吐、优雅的举止等内在涵养的表现，则更为人们所喜爱。这就要求我们应当从举手投足等日常行为方面有意识地锻炼自己，养成良好的站、坐、行姿态，做到举止端庄、优雅得体、风度翩翩。

首先，谈一谈坐有坐相。正确的坐姿可以给人以端庄、稳重的印象，使人产生信任感。我们经常会见到一些不雅坐法，例如，两腿叉开、腿在地上抖个不停而且腿还跷得很高，让人实在不敢恭维。优雅的坐姿传递着自信、友好、热情的信息，同时也显示出高雅庄重的良好风范。

所谓"坐如钟"，并不是要求你坐下后如钟一样纹丝不动，而是要"坐有坐相"，就是说坐姿要端正，坐下后不要左摇右晃。坐姿的基本要领是：入座时走到座位前，转身后把右脚向后撤半步，轻稳坐下，然后把右脚与左脚并齐，坐在椅上，上体自然挺直，头正，表情自然亲切，目光柔和平视，嘴微闭，两肩平正放松，两臂自然弯曲放在膝上，也可以放在椅子或沙发扶手上，掌心向下，两脚平落地面，起立时右脚先后收半步然后站起。

一般来说，在正式社交场合，要求男性两腿之间可有一拳的距离，女性两腿并拢无空隙。两腿自然弯曲，两脚平落地面，不宜前伸。

为使你的坐姿更加正确优美，应该注意：入座要轻柔和缓，起立要端庄稳重，不可弄得座椅乱响，就座时不可以扭扭歪歪，两腿过于叉开，不可以高跷起二郎腿，若跷腿时悬空的脚尖应向下，切忌脚尖朝天。坐下后不要随意挪动椅子，腿脚不停地抖动。女士着裙装入座时，应用手将裙装稍稍拢一下，不要坐下后再站起来整理衣服。正式场合与人会面时，十分钟左右不可松懈，不可以一开始就靠在椅背上。就座时，一般坐满椅子的三分之二，不可坐满椅子，也不要坐在椅子边上过分前倾；沙发椅的座位深且宽，坐下来时不要太靠里面。

其次，谈一谈站有站相。站立姿势，又称站姿或立姿。它是指人在停止行动之后，直着自己的身体，双脚着地，或者踏在其他物体之上的姿势。它是人们平时所采用的一种静态的身体造型，同时又是其他动态的身体造型的基础和起点。

在人际交往中，站立姿势乃是任何一个人的全部仪态的根本之点。如果站立姿势不够标准，一个人的其他姿势便根本谈不上优美和典雅。

所谓"站如松"，不是要站得像青松一样笔直挺拔，因为那样看起来会让人觉得很拘谨。这里要求的是站立的时候要有青松的气宇，而不要东倒西歪。

良好站姿的要领是挺胸、收腹，身体保持平衡，双臂自然下垂。切不可歪脖、斜腰、挺腹、含胸、抖脚、重心不稳、两手插兜等。

一个人的站姿能显示出他的气质和风度。因此，站立的时候，应该让别人觉得你自然、有精神，而你自己也会感到舒适、不拘谨。

最后，谈一谈走有走姿。

无论是在日常生活中还是在社交场合，走路往往是最引人注目的身体语言，也最能表现一个人的风度和活力。

走的时候，头要抬起，目光平视前方，双臂自然下垂，手掌心向内，并以身体为中心前后摆动。上身挺拔，腿部伸直，腰部保持平直，脚步要轻并且富有弹性和节奏感。

走路时上身基本保持站立的标准姿势，挺胸收腹，腰背笔直；两臂以身体为中心，前后自然摆动，手掌朝向体内；起步时身子稍向前倾，重心落前脚掌，膝盖伸直；脚尖向正前方伸出，行走时双脚踩在一条线缘上。

值得注意的是，男性不应在行走时抽烟，女性不应在行走时吃零食，而且女士步履要匀称、轻盈、端庄、文雅，显示温柔之美。

总之，行为举止是一种无声的语言，是一个人的性格、修养和生活习惯的外在表现。在人际交往中，你的行为举止直接影响着别人对你的评价，因此一定要养成良好的习惯。中国人最讲究的是"精、气、神"，凡事有骨，也就是体现出其内在的本质。所以，无论是"坐如钟""站如松"还是"行如风"，都不是让你简单地模仿这三种物体的外表形态，而是要你掌握它们的"精、气、神"，做到神似，而非形似。

塑造良好的个人形象，增进个人魅力

形象是一个人留给他人的总体印象，是通过人的相貌、衣着、语言、性格、气质、态度来综合体现的，在很大程度上决定了一个人在别人心目中的价值。

在人际交往中，我们总有这样一种感觉，对某个人印象好的时候，就会对他评价高并且今后会再次与他合作。相反，如果对方没有给自己留下什么好印象，你就会对他感到不快，甚至厌恶，同朋友们谈及此人时，你也会表现出对他的不满意。这就是一个人形象的重要性。

英国女王曾在给威尔士王子的信中写道："穿着显示人的外表，人们在判定人的心态以及对这个人的观感时，通常都凭他的外表，而且常常这样判定。因为外表是看得见的，而其他的则看不见，基于这一点，穿着特别重要……"人类都有以貌取人的天性，外在形象直接影响着别人对你的印象。穿着得体整洁的人给人的印象会好，它等于在告诉大家："这是一个聪明、自重、可靠的人，大家可以尊敬、信赖他。"反之，一个穿着邋遢的人给人的印象就差，它等于在告诉大家："这是个没什么作为的人，他粗心、没有效率，他习惯不被重视。"

良好的形象往往能够为自己加分，在人际交往中有极好的推动作用。哈佛大学曾对美国《财富》排名榜前300名的公司的100名执行总裁进行调查，97%的人认为懂得并能够展示外表魅力的人，在公司中有更多的升迁机会；100%的人认为若有关于商务着装的课，他们会送子女去学习；93%的人会由于首次面试中申请人不合适的穿着而拒绝录用；92%的人不会选用不懂穿着的人做自己的助手；100%的人认为应该有一本专门讲述职业形象的书以供职员们阅读。

无论你认为从外表衡量人是多么肤浅和愚蠢，但社会上的许多人总在根据你的服饰、发型、手势、声调、语言等判断着你。你的外在形象在工作中影响着你的升迁，在商业上影响着你的交易，在生活中影响着你的人际关系和爱情关系，也无时无刻不在影响着你的自尊和自信，最终影响着你的幸福感。

1962年，在英国伦敦一个著名贵族举办的豪华宴会上，一名中年男子出尽了风头。他优雅的举止、迷人的言谈，不但令在场的所有女士对他倾心，而且令在场的所有男士也对他产生极大的兴趣和好感。人们私下里纷纷相互打听，都想认识他、与他成为朋友，而那位男子在这次宴会上也收获颇丰，不仅签下了40多单生意，结交了很多朋友，还找到了他的终身伴侣。

这名男子就是当时英国著名的房地产商柯马·伊鲁斯。

柯马·伊鲁斯的妻子艾琳娜后来在自传中这样描述他们的第一次见面："很明显，他不是我心目中理想的丈夫形象，但是看到他俊朗的面孔、清澈的眼睛，听到他充满磁性的声音，我就怦然心动了。然而关键却不是因为这些，而是他身上散发出的一些独特的、说不清的东西，这东西令我真正的心迷神醉……我对他一见钟情，决定要嫁给他。"

柯马·伊鲁斯的商业伙伴梅德也是从这次宴会上认识他的，他们后来终生合作，非常默契。梅德曾这样评价他："他简直是个魔鬼，他身上散发着一种能够征服任何人的魔力。"

那次宴会是柯马·伊鲁斯第一次在英国上流社会的社交场露面，可是他一露面，就凭借他优秀的形象征服了整个伦敦的上流社会，随后，金钱和好运向他滚滚涌来。不过，事实上柯马·伊鲁斯在12年前就来过伦敦，并出席了一个由商会举办的小型聚会。但在那次聚会上，柯马·伊鲁斯不仅受到了几位女士的嘲弄，还被侍从当成鞋匠给赶了出去。愤怒的柯马·伊鲁斯一气之下离开了伦敦。

那时的柯马·伊鲁斯还是个小人物，开了一家小水泥厂，整天勤奋地忙来忙去，根本无暇顾及自己的形象。为了扩大生意，他千方百计弄到了一张商行聚会的邀请信，想混进去多结交一些人。可一进入聚会大厅，他就立即知道自己走错了地方。大厅装饰得金碧辉煌，男士们个个西装革履、彬彬有礼，女士们个个华服锦衣、优雅漂亮，柯马·伊鲁斯低头看看自己，一身满是补丁，穿着厚厚油腻的工作服、大胶鞋，乱发，简直像个乞丐。这时几位女士过来了，故意将酒洒在他的身上，并趾高气扬地给他小费。侍从过来询问他，他讲明自己的身份，可是没人相信，而他拉一个认识他的人做证时，那个人不承认认识他，还说他是路边的鞋匠，于是他被当成混进来的鞋匠给赶了出去。

生气过后，柯马·伊鲁斯开始考虑自己为什么会受到这样的待遇。自然，凭他的头脑，一下子就想明白了。他回到家乡后的第一件事就是参加了一个礼仪培训班，并高薪聘请了私人形象顾问。经过一番改造之后，就有了前面他一举成名的一幕了。

由此可见，美好的形象有助于增强人际间的吸引力，有助于你事业的成功。好的形象能给个人赢得不错的声誉，它像是一张特殊的名片，又像是一则生动的广告，在社会交往中常常能起到"未见其人，先闻其名"的效果。

在人际交往中，别人对你的印象是从你的形象中获取的，而他人对你的印象又影响着他人对待你的态度和行为。外表形象对一个人而言，就好比是商品的外包装。包装纸如果粗糙，里面的商品再好，也会容易被人误解为是廉价的商品。所以说，当你与人交往的时候，你的外表将起着意想不到的作用。

良好的形象有助于增强人际间的吸引力，能够将别人的眼光、信赖、好感、机遇等都吸引到你的身上，能够让你建立自信，积极潇洒地投入社会生活之中，能够帮你赢得更多的朋友。因此，如果你要想成为一个受欢迎的人，从现在开始就要强化形象意识，高度重视良好形象的塑造。

会微笑，你的人生才不会太差

一位曾在哈佛做访问学者的作家这样描述：在哈佛校园里，无论是在教室、餐厅、图书馆或是在林荫小道，到处都是英姿俊朗、神采飞扬的年轻人和气定神闲、步履轻快的教授。他们每个人都显得那么自豪、那么洒脱。一张张精神焕发的脸上流露着发自内心的微笑——那微笑，分明蕴含着自信与亲切的不俗气场。

第二章　有"礼"走遍天下，绅士淑女是这样练成的

微笑是世界上最美丽的表情，是世界上最动听的语言，没有什么东西能比一个微笑更能打动人的了。凡是经常面带微笑的人，往往能将别人吸引住，使人感到愉快。

微笑是社会生活中美好而无声的语言，它来源于心地的善良、宽容和无私，表现的是一种坦荡和大度。一旦你学会了阳光灿烂的微笑，你就会发现，你的生活从此就会变得更加轻松，而人们也喜欢享受你那阳光灿烂的微笑。

飞机起飞前，一位乘客请求空姐给他倒一杯水吃药。空姐很有礼貌地说："先生，为了您的安全，请稍等片刻，等飞机进入平稳飞行后，我会立刻把水给您送过来，好吗？"

15分钟后，飞机早已进入了平稳飞行状态。突然，乘客服务铃急促地响了起来，空姐猛然意识到：糟了，由于太忙，忘记给那位乘客倒水了！空姐连忙来到客舱，小心翼翼地把水送到那位乘客跟前，面带微笑地说："先生，实在是对不起，由于我的疏忽，延误了您吃药的时间，我感到非常抱歉。"这位乘客抬起左手，指着手表说道："怎么回事？有你这样服务的吗？你看看，都过了多久了？"空姐手里端着水，心里感到很委屈。但是，无论她怎么解释，这位挑剔的乘客都不肯原谅她的疏忽。

接下来的飞行途中，为了补偿自己的过失，空姐每次去客舱给乘客服务时，都会特意走到那位乘客面前，面带微笑地询问他是否需要水，或者别的什么帮助。然而，那位乘客余怒未消，摆出一副不合作的样子，并不理会空姐。

临到目的地前，那位乘客要求空姐把留言本给他送过去。很显

然，他要投诉这名空姐。此时，空姐心里虽然很委屈，但是仍然不失职业道德，显得非常有礼貌，而且面带微笑地说道："先生，请允许我再次向您表示真诚的歉意，无论你提出什么意见，我都将欣然接受您的批评！"那位乘客脸色一紧，嘴巴准备说什么，可是却没有开口。他接过留言本，在上面写了起来。

飞机安全降落。所有的乘客陆续离开后，空姐打开留言本，惊奇地发现，那位乘客在本子上写下的并不是投诉信，而是一封热情洋溢的表扬信。

是什么使得这位挑剔的乘客最终放弃了投诉呢？在信中，空姐读到这样一句话："在整个过程中，你表现出的真诚的歉意，特别是你的十二次微笑，深深地打动了我，使我最终决定将投诉信写成表扬信！你的服务质量很高，下次如果有机会，我还选择乘坐你们的这趟航班！"

看，这就是微笑的魅力。微笑是一种武器，是一种寻求和解的武器。微笑能将怒气挡在对方体内，阻止他的进攻。无论是在生活，还是在工作中，只要你不吝惜微笑，往往就能够左右逢源、顺心如意。这是因为微笑表现着自己友善、谦恭、渴望友谊的美好感情因素，是向他人发射出理解、宽容、信任的信号。

微笑是对人的尊重和理解，微笑是一种礼节，见面时点头微笑，人们会意识到这是尊重和欢喜的表示。所以，假如你要获得别人的欢迎，请给人以真心的微笑。

微笑是最富魅力的体态语言之一，发自内心的微笑是渗透情感的微笑，包含着对人的关怀、热忱和爱心。人际交往中为了表示尊重，相互友好，微笑是必要的。微笑是一种健康的、文明的举止，一张甜蜜的带着微笑的脸总是受人喜爱的。

一位诗人曾经这样写道："你需要的话，可以拿走我的面包，可以拿走我的空气，可是别把你的微笑拿走。因为生活需要微笑，也正因为有了微笑，生活便有了生气。"的确，我们的生活中不能没有微笑。微笑是善良的表现，微笑是真诚的流露，微笑是沟通人们心灵的调和剂。

即使是简单的握手，也要握出好感觉

在日常生活中，握手是一种经常使用的礼节方式，不仅常用在人们见面和告辞时，更可作为一种祝贺、感谢或相互鼓励的表示。尽管对绝大多数人而言，握手只是两个人之间双手相握的一个简单动作，但却是沟通、交流、增进人际交往的重要手段。哈佛大学心理学教授认为，握手是给对方第一印象的关键因素之一。

某跨国大公司要招聘一位重要的工程师，开价年薪为60万美元。该公司有关部门人员经过再三努力，最终筛选出两名候选人。因为这两名人选，各方面的条件"旗鼓相当"，难以定夺。于是，经办人就向老板做了汇报。老板当即说："下星期一上班时，请他们两位来，让我面试。"周一一上班，经办人员就将这两位候选人的两本详细材料呈送给了老板。老板喝完咖啡，没看材料就让经办人传唤候选人来面试。经办人颇感惊讶地提示老板：“您是否先看一下材料再……”老板果断地说：“不用了，你就去叫吧！”

两位候选人先后进来，都经过握手后，简单地聊了几句。然后，老板当即表态，决定录用第一位面试者。事后，经办人问老板：“您连材料都没看，怎么这么快就做出决定了呢？”老板回答说：“我是通过‘握手’的感觉来做出选择的。”老板看到手下人都感到诧异，就做了说明：“第一位和我握手时，我感到他的手比较温暖，握手时用力适当，再加上他的谈吐自然，给人一种充满自信、具有亲和力、身体健康的感觉；而第二位和我握手时，他的手冰凉且略出冷汗，握手时无力，稍带颤抖，给人的感觉显得拘谨矜持，身体不够健康。”经办人再翻阅这两人的材料，果然发现，第一位身体健康，性格开朗，而第二位确实患有疾病，而且性格内向……

可见，握手是沟通思想、交流感情、增进友谊的重要方式。通过握手的动作，往往显露一个人的个性，给人留下不同的印象。热情、文雅而得体的握手能让人感受到愉悦和信任，促进彼此间的交流和了解。

与陌生人初次见面，人们大都会重视着装和微笑，但据调查指出，握手同样能够对人的第一印象起决定作用，因为人类能够对来自内在或者外在的刺激做出更强烈更敏锐的反应。所以，想在初次见面留给他人良好的印象，就要学会与人握手的技巧。

首先，谈一谈握手的顺序。握手的顺序是主人、长辈、上司、女士主动伸出手，客人、晚辈、下属、男士再相迎握手。长辈与晚辈之间，长辈伸手后，晚辈才能伸手相握；上下级之间，上级伸手后，下级才能接握；主人与客人之间，主人宜主动伸手；男女之间，女方伸出手后，男方才能伸手相握；如果男性年长，是女性的父辈年龄，在一般的社交场合中仍以女性先伸手为主，除非男性已是祖辈年龄，或女性未成年，则男性先伸手是适宜的。但无论什么人，如果他忽略了握手礼的先后次序而已经伸了手，对方都应不迟疑的回握。

其次，谈一谈握手的方法。握手时，距离受礼者约一步，上身稍向前倾，两足立正，伸出右手，四指并拢，拇指张开，向受礼者握手。掌心向下握住对方的手，显示着一个人强烈的支配欲，无声地告诉别人，他此时处于高人一等的地位，应尽量避免这种傲慢无礼的握手方式。相反，掌心向里同他人的握手方式显示出谦卑与毕恭毕敬，如果伸出双手去捧接，则更是谦恭备至了。平等而自然的握手姿态是两手的手掌都处于垂直状态，这是一种最普通也最稳妥的握手方式。

最后，谈一谈握手的禁忌。第一，握手时应伸出右手，不能伸出左手与人相握，有些国家习俗认为人的左手是脏的。如果你是左撇子，握手时也一定要用右手。当然如果你右手受伤了，那就不妨声明一下。第二，戴着手套握手是失礼行为。男士在握手前先脱下手套，摘下帽子，女士可以例外。当然在严寒的室外有时可以不脱，例如，双方都戴着手套、帽子，这时一般也应先说声"对不起"。握手者双目注视对方，微笑，问候，致意，不要看第三者或显得心不在焉。第三，在商务洽谈中，当介绍人完成了介绍任务之后，被介绍的双方第一个动作就是握手。握手的时候，眼睛一定要注视对方的眼睛，传达出你的诚意和自信，千万不要一边握手一边眼睛在东张西望，或者跟这个人握手还没完就目光移至下一个人身上，这样别人从你眼神里体味到的只能是轻视或慌乱。那么是不是注视的时间越长越好呢？并非如此，握手只需几秒钟即可，双方手一松开，目光即可转移。第四，握手的力度要掌握好，握得太轻了，对方会觉得你在敷衍他；

太重了，人家不但没感到你的热情，反而会觉得你没有礼貌，女士尤其不要把手软绵绵地递过去，显得连握都懒得握的样子，既然要握手，就应该大大方方地握。第五，握手的时间以1～3秒为宜，不可一直握住别人的手不放。与大人物握手，男士与女士握手，时间以1秒钟左右为原则。如果要表示自己的真诚和热烈，也可较长时间握手，并上下摇晃几下。第六，多人相见时，注意不要交叉握手，也就是当两人握手时，第三者不要把胳膊从上面架过去，急着和另外的人握手。第七，在任何情况下，拒绝对方主动要求握手的举动都是无礼的。但手上有水或不干净时，应谢绝握手，同时必须解释并致谦。

综上所述，握手是社交活动中最常见的礼节，掌握握手礼仪的要领，是令你讨人喜欢的策略之一。

对别人的举手之劳也要说声"谢谢"

有两个人同时去见上帝，问上帝去天堂的路怎么走。上帝见他们饥饿难忍，就先给了每个人一份食物。

一个人接过食物，真诚地说了一声"谢谢"；另一个人则无动于衷，好像就应该给他似的。然后，上帝只让那个说"谢谢"的人上了天堂，另一个则被拒之门外。

站在天堂外的人不服气："我不就是忘了说'谢谢'吗？"

上帝说："不是忘了，是没有感恩的心，所以说不出感谢的话；

不懂得感恩的人，不知道爱别人，也得不到别人的爱。"

那个人还是愤愤不平："少说一句'谢谢'，差别就这么大吗？"

上帝又说："是啊。因为，上天堂的路是用感恩的心铺成的，上天堂的门只有用感恩的心才能打开，而下地狱则不用！"

的确，天堂与地狱只是一线之隔，关键是看你是否懂得感谢。生活中也是如此。很多人帮助了我们，我们是否认为是理所当然的？接受了别人的帮助之后，我们是否想起说一句"谢谢"？

说一句"谢谢"，从表面上来看，是一种礼仪、礼貌，是一种人际交往的表达形式。但这种外在的形式是以仁爱、感恩、品德做支撑的。

一句简单的"谢谢"，这不仅是感谢别人的方式，更是促进人与人之间感情的纽带，它体现了一个人的修养。

一个小县城的一所中学开家长会，来了几十位家长，几个女同学负责接待。这其中的一些孩子，根本不懂得接待是什么意思，她们只是把家长们迎进来，让座、倒茶。空下来的时候，就开始窃窃私语。这些女孩子们把眼光集中在了一个人身上，那是转学来的一位同学的母亲。她的容貌并不漂亮，衣着和发式也并不显得很时髦，可是女孩子们用她们仅有的词汇得出了一个一致的结论：她最有风度。

其中的一个女孩子去给那位母亲倒水，回来时，脸颊红红的。她迫不及待地对自己的同学们说："你们猜，我倒水时她对我说了什么？"不等同学们猜，她就说了出来："她说，谢谢。"

女孩子们面面相觑。在她们这样的年纪，在她们这么偏远的小县城里，没有谁用过、听过"谢谢"这两个字。这是一个多么新鲜、温暖的词汇啊。

女孩子们开始争先恐后地去倒水，然后一个个脸红红地回来。轮到去倒水的女生甚至会有点心跳，她们总是害羞地走到那位"最有风度"的母亲面前，轻轻地加满水，红着脸听人家说一声"谢谢"。那个时候的她们，还不会说"不客气"。

那次家长会后，那个转学来的同学成为所有同学羡慕的对象。大家都认为，她拥有一个最最幸福的家庭。从那次家长会后，那些窃窃私语的女孩子们学会了一个极温暖的词汇：谢谢。

由此可见，学会说"谢谢"，善于表达感激，能帮你打造黄金形象、提升你的个人魅力，创造良好的人际关系。

"谢谢"是一种礼貌、一种习惯。说"谢谢"，反映了一个人的态度：感恩、谦卑。一声"谢谢"，虽然微不足道，却体现了一个人的素养，还可以赢得别人对你的好感。

学会说声"谢谢"，其实不难，不要觉得难为情，不要觉得"谢谢"起不了什么作用。学会说"谢谢"，将会成为你人生道路上的"润滑剂"，将会减少人际摩擦，滋润人际关系，有助成就事业。所以，不管对什么人给予自己的哪怕是再微不足道的帮助和关怀，也不要忘记说声"谢谢"。

第三章

提高社交能力，做社交达人

给人美好的第一印象

　　哈佛大学的一份研究报告指出，人们对一个人的评价，以百分比而言，"55%"是指第一印象分，如果能在第一印象中取得会见对方的好感，便能提高信赖度，如此才有机会展露自己的专业能力，由此看来第一印象何其重要。

　　所谓第一印象是对不熟悉的社会知觉对象第一次接触后形成的印象。初次见面时，对方的仪表、风度所给我们的最初印象往往形成日后交往时的依据。一般人通常根据最初印象而将他人加以归类，然后再从这一类别系统中对这个人加以推论与做出判断。人与人之间的相互交往、人际关系的建立，往往是根据第一印象所形成的论断。

　　心理学家曾做过这样一个试验，内容如下。

　　心理学家分别让一位戴金丝眼镜、手持文件夹的青年学者，一位打扮入时的漂亮女郎，一位挎着菜篮子、脸色疲惫的中年妇女，一位留着怪异头发、穿着邋遢的男青年在公路边搭车，结果显示，漂亮女郎、青年学者的搭车成功率很高，中年妇女稍微困难一些，那个男青年就很难搭到车。

这个实验说明：第一印象在人际交往中的重要性。

我们常说的"给人留下一个好印象"，一般就是指的第一印象，说的是人与人第一次交往中给人留下的印象。因此，在社交活动中，我们可以利用这种效应，展示给人一种极好的形象，为以后的交流和沟通打下良好的基础。

某家大公司招聘秘书，翟晓鑫就去面试。但是她在乘车时，不小心划破了丝袜，左脚脚踝上出现了一个小洞。应聘单位的办公楼下正好有个商店可以买双新的丝袜，但是翟晓鑫觉得破洞在脚踝上，而且又不明显，谁会注意它呢。所以她就没在意，径直走进了电梯。

然而，就是因为这个不起眼的小洞，翟晓鑫给面试官留下了一个很差的第一印象，没被选聘。面试官认为，秘书工作是需要耐心和细心的，而一个对自己仪表不在乎的人，不可能会对工作细心和耐心。翟晓鑫知道后后悔莫及。

有一句话是这样说的：第一印象永远不可能有第二次机会。可见，良好的第一印象是交往成功、和谐人际关系的良好开端。第一次与人沟通是后续成功发展的关键。人们对你形成的某种第一印象，通常难以改变，而且，人们还会寻找更多的理由去支持这种印象。因此，初次见面就给人留下不好的印象的人，通常是不讨人喜欢的人，而第一次交往就给人留下美好印象的人，更容易受人欢迎。

卡耐基说过："良好的第一印象是登堂入室的门票。"不可否认，给他人第一印象的好坏直接影响着你在他人心目中受欢迎的程度。美国心理学家亚瑟所做有关第一印象的研究中指出，人们在会面之初所获得的对他人的印象，往往与以后所得到的印象相一致。那么，怎样才能给人良好的第一印象呢？从根本上说，它离不开提高自己的文明程度和修养水平，离不开进行经常的心理锻炼。心理学家提出下面几条建议。

第一条，注意仪表。仪表是一个人内部思想的体现，它反映了个体内在的修养。得体的仪表，是展现个人魅力的重要手段之一。因为第一次见面，别人是没办法去了解你的内在美的，而你体现在着装上的个性让别人看得明白。如果你穿得得体，那就会给别人留下一个好的印象。注意自己的穿着，不一定要穿最流行、最时髦的衣服，只要穿着整洁，合适你的性格和体型的就可以了。

第二条，注意谈吐。一个人的谈吐可以充分体现其魅力、才气及修养。一个人有没有才气最容易从讲话中表现出来。在社交谈吐时，要注意环境气氛，决不要喧宾夺主，自说自话。风趣、幽默的言谈给人以听觉的享受和心灵的美感。

第三条，展现风度。风度是一个人的性格和气质的外在表现，是在长期的社会实践中所形成的好的性格、气质的自然流露，属于一个人的外部形态。要有美的风度，关键在于个人在实践中培养自身的美的本质，形成美的心灵。古人早就说过，"诚于中而形于外。"心里诚实，才有老实的样子。当然，人的风度是多样的，不能强求一律。人的风度的多样性，是为人的性格、气质的多样性所决定的。但是，无论性格、气质的多样性也好，还是风度的多样性也好，都应当体现出人的美的本质。只有美的心灵，美的性格、气质，才能有美的风度。

第四条，注意行为举止。行为动作是一个人内在气质和修养的表现。男生的举止要讲究潇洒、刚强。女生的举止要注意优美、含蓄。在一般情况下，大方、随和、乐观、热情的人总受人欢迎；炫耀、粗鲁或过于拘束的人则让人生厌。

倾听——礼貌和交际艺术

人们都喜欢善于倾听的人，倾听是使人受欢迎的基本技巧。人们被倾听的需要，远远大于倾听别人的需要。一位伟人曾经说过："喜欢倾听的民族，是一个智慧的民族，不喜欢倾听的民族，永远不会进步。"因此，善于倾听的人，将会拥有很多朋友。

美国汽车推销之王乔·吉拉德曾有一次深刻的体验。某位名人来向他买车，他推荐了一种最好的车型给他。那人对车很满意，并掏出一万美元现钞，眼看就要成交了，对方却突然变卦而去。

"喂，你知道现在是什么时候吗？"

"非常抱歉，我知道现在已经是晚上11点钟了，但是我检讨了一下午，实在想不出自己错在哪里了，因此特地打电话向您讨教。"

"真的吗？"

"肺腑之言。"

"很好！你用心在听我说话吗？"

"非常用心。"

"可是今天下午你根本没有用心听我说话。就在签字之前，我提到我的吉米即将进入密执安大学念医科，我还提到他的学科成绩、运动能力以及他将来的抱负，我以他为荣，但是你毫无反应。"

乔·吉拉德不记得对方曾说过这些事，因为他当时根本没有注意。乔·吉拉德当时认为已经谈妥了那笔生意了，因此他无心听对方说什么，反而在听办公室内另一位推销员讲笑话。然而经过这件事他领悟到"听"的重要性，让他认识到如果不能自始至终倾听对方讲话的内容，认同客户的心理感受，难免会失去自己的客户。

一个讲话者总希望他的听众听完他发表的意见，如果你对此漫不经心，或者毫不在乎，这就在一定程度上伤害了他的自尊心，他原来对你的好感也会顷刻化为乌有。所以，如果你要在沟通中赢得他人的好感，那么你首先要做到的便是用心地倾听。正如一位哈佛心理学家所说："以同情和理解的心情倾听别人的谈话，我认为这是维系人际关系、保持友谊的最有效的方法。"

外国有句谚语："用十秒钟的时间讲，用十分钟的时间听。"倾听是人际交往中一项很重要的制胜法宝。一个在人群中滔滔不绝的人或许很容易得到大家的尊敬和钦佩，可是一个懂得倾听并善于鼓励别人的人，能更容易得到他人的好感和信任。

基德是威廉见到的最受欢迎的人士之一，他总能受到邀请参加一些私人聚会。

一天晚上，威廉碰巧到一个朋友家参加一次小型社交活动。他发现基德和一位漂亮女士坐在一个角落里。出于好奇，威廉远远地注意了一段时间。威廉发现那位年轻女士一直在说，而基德好像一句话也没说。他只是有时笑一笑，点一点头，仅此而已。几小时后，他们起身，谢过男女主人便离开了。

第二天，威廉见到基德时禁不住问道："昨天晚上我看见你和最迷人的女士在一起，她好像完全被你吸引住了。你是怎么抓住她的注意力的？"

"很简单。"基德说，"有个朋友把她介绍给我认识后，我只对她说：'你的皮肤晒得真漂亮，在冬季也这么漂亮，是怎么做的？你去哪里了呢？阿卡普尔科还是夏威夷？'

'夏威夷。'她说，'夏威夷永远都风景如画。'然后我说：'你能把一切都告诉我吗？'她回答：'当然。'

于是，我们就找了个安静的角落，接下来的两个小时她一直在谈夏威夷。今天早晨，那个女孩打电话给我，说她很喜欢我陪她。她说很想再见到我，因为我是最有意思的谈伴。但说实话，我整个晚上没说几句话。'"

看出基德受欢迎的秘诀了吗？很简单，基德只是让那位女士谈自己。他对每个人都这样——对他人说："请告诉我这一切。"这足以让一般人激动好几个小时。人们喜欢基德就因为他注意他们。

由此可见，专注认真地倾听别人谈话，向对方表示你的友善和兴趣，这样做的最大价值就是深得人心，能使双方感情相通、休戚与共，增加信任度。

在人际交往中，作为尊重他人的一种表现，善于倾听的作用是非常重要的。心理学研究表明，越是善于倾听他人意见的人，与他人关系就越融洽。因为倾听本身就是褒奖对方谈话的一种方式，你能耐心倾听对方的谈话，美国"成人教育之父"等于告诉对方"你是一个值得我倾听你讲话的人"。

美国"成人教育之父"卡耐基说："做个听众往往比做一个演讲者更重要。专心听他人讲话，是我们给予他人的最大尊重、呵护和赞美。"每个人都认为自己的声音是最重要的、最动听的，并且每个人都有迫不及待地表达自己的愿望。在这种情况下，友善的倾听者自然成为最受欢迎的人。

世上许多人之所以不能给人留下良好的印象，正是因为他们不能耐心地做一个很好的听众。所以，如果想要别人喜欢你，首先就要做个好听众。

提高交往能力，拥有良好的人际关系

哈佛大学的一份研究报告指出，一个成功者，专业知识所起的作用是15%，而交际能力却占85%。人际关系的和谐，交往本领的高强，是未来社会判断成功者的重要标准。

交往是人的需要，也是社会对人的要求。人是社会中的人，一个人离开他人、离开社会就无法生存。良好的人际交往能力以及良好的人际关系是人们生存和发展的基础，通过交往，人们能够互相交流信息和感情，协调彼此之间的关系，达到共同活动的目的。

有一位企业家开始发展自己的事业的时候，在各方面都不是特别突出，但是他深知，商业竞争残酷的战场上，学会人际交往，才是决胜的关键。于是在短短的三年时间里，正是坚守情谊制胜这一原则，他的人生之路越走越宽，最终成就了辉煌的事业。曾与他共事20多年的友人这样评价他，在同行业或同辈中，论聪明，论能力，他不是最优秀的，但他事业上的成功，八成以上的因素在于他善交朋友。他很愿意与大家分享，大家才会争相以报，正是由于他善交朋友，才取得了非凡的成就。

可见，善于社交是我们到达成功彼岸的不二法门。随着社会的发展，人际交往的功能越发显得重要，一位成功学专家说：所有成功的人之所以成功，是因为他的人际关系非常好。不会与人交往的人，在社会上很难受到别人的欢迎的，而一个不受欢迎或不被他人接纳的人，也是根本不可能取得成功的。

美国总统西奥多·罗斯福曾说："成功的第一要素是懂得如何搞好人际关系。"的确，成功要靠别人，而不是单凭自己。一个人有多成功，关键要看他服务了多少人和多少人在为他服务。所有成功人士都有一个共同点，就是拥有大量的朋友资源，并保持着良好的关系。

美国总统奥巴马原来只是一个普通的黑人青年，既没有什么政治背景，也没有亿万财富的身家，不过他却凭借着优质的人脉关系，打败了对手，成功竞选美国总统。

奥巴马曾经在哈佛商学院攻读法学博士，结果结交了许多哈佛校友中的精英人物，最著名的就是贾森·费曼以及卡桑德拉·巴特斯，他们两个人后来为奥巴马的竞选积极出谋划策，并替奥巴马指出了竞争对手麦凯恩的死穴，因为历届大选最为关注的都是经济问题，他们认为奥巴马只要捏住对手的经济死穴，对方将不得翻身。

奥巴马果断采用了他们的建议，在经济问题上对对手进行猛烈攻击，最终取得了胜利。

总统大选无论如何都是需要钱的，奥巴马没有丰厚殷实的家底，在经济上完全处于劣势，但是他在芝加哥任教时，曾经结交了许多商界名流，他们成为奥巴马的筹款机，不仅积极提供竞选所需资金，还动用自身关系网为奥巴马出钱出力。奥巴马虽然没有具备足够强大的硬件条件，不过却因为拥有优质人脉而最终获得成功。

朋友是人生的宝贵资源。结交朋友，使你能与他人互通有无、互惠其利，使你的生活和事业平添无限乐趣和助力，使你实现自己的理想，成就事业，达成目标。

哈佛大学的教授曾这样说道："实力与学历往往不如'人力'管用，拥有广泛的、良好的社交关系，是获得成功的最简单方法之一。"一位中国籍哈佛MBA毕业生也曾说过："哈佛从一开始就为我们搭建了一个千金难买的社交舞台。在这个社交舞台上，有精心挑选的，世界各国最具潜力的学生，他们大部分都有野心、有抱负；还有世界上一流的教授，他们大部分都有几十年丰富的商业经历，有自己亲身参与创业的成功企业。进入了哈佛，你就等于拥有了四万名已经功成名就的校友。"的确，广泛与人交往是机遇的源泉。交往越广泛，遇到机遇的概率就越高。有许多机遇就是在与朋友的交往中出现的，有时甚至是在漫不经心的时候，朋友的一句话、朋友的帮助、朋友的关心等都可能化作难得的机遇。在很多情况下，就是靠朋友的推荐、提供的信息和其他多方面的帮助，人们才获得了难得的机遇。

在我们追求事业成功的过程中，交往起着至关重要的作用。如果说血脉是人的生理生命的支持系统，那么朋友则是人的社会生命的支持系统。在今天的商业社会里，有朋友就有机会，有朋友就有前途，有朋友就有财富。随着社会的不断发展和进步，人与人之间的联系也随之更加密切。我们的学习、工作、生活、娱乐都紧密地与别人联系起来，你认识的人越多，结交的朋友越多，你的事业就越发达。因此，能成就大业者，除了要有一定的业务知识，最为关键的还是要广泛结交朋友。

学会幽默，彰显应变的智慧

幽默是一种品位，一种人生态度。有智慧的人，胸怀宽广，反应机敏，这种幽默感，能使人充满自信，直面种种压力和挑战，让生活变得多姿多彩。同时，幽默感还能"传染"给周围的人，使他们的生活充满欢声笑语。英国哲学家培根说过："善谈者必善幽默。"有魅力的人就在于：话不需直说，但却让人通过曲折含蓄的幽默表达方式心领神会。

"二战"结束后，英国女王伊丽莎白到美国访问。当记者问她对美国的印象时，女王回答道："报纸太厚，厕纸太薄。"一句话让记者们哄堂大笑。但笑过之后，人们开始发现了伊丽莎白语言的尖刻。

这就是女皇的幽默，本来是想批评他人，但又不方便直说，所以用一种委婉幽默的方式表达了自己内心的意见，这不能不让人佩服伊丽莎白女王的智慧。

幽默不仅是说话技巧，更是一种智慧，这种智慧中蕴含着一种宽容、谅解以及灵活的人生姿态。哈佛大学的一位心理学家说过："幽默是一种最有趣、最有感染力、最具有普遍意义的传递艺术。"幽默是一个人的学识、才华、智慧、灵感在语言表达中的闪现，是一种"能抓住可笑或诙谐想象的能力"，它是对社会上的种种不和谐、不合理的荒谬现象、偏颇、弊端、矛盾实质的揭示和对某些反常规知识言行的描述。

有一次，英国首相威尔逊为了推行他的政策，在一个广场上举行公开演讲。当时，大概有数千人在广场上聆听他的发言。突然，人群中有人扔出来一个鸡蛋，不偏不倚恰好打在威尔逊的脸上。安全人员赶紧去找那个闹事者，结果发现，扔鸡蛋的人竟然是一个小孩。威尔逊了解情况后，让他们把小孩放开，然后问了问他的名字，家里的电话和住址，并让助手当众记下。

台下听众躁动了，议论纷纷。他们猜想，威尔逊是不是要惩罚那个孩子？这时候威尔逊让大家保持安静，他镇定地说："在对方的错误里发现自己的责任，这是我的人生哲学。刚才，那位小朋友用鸡蛋打我，这种行为不太礼貌。可身为大英帝国的首相，我有责任和义务为国家储备人才。那位小朋友，从那么远的地方扔过来，还打在我的脸上，说明他是一位很有潜力的棒球手。所以，我要记下他的名字，以后让体育大臣们重点培养他，为国家效力。"这番话说完，听众们哄然大笑，演讲的气氛也变得轻松起来。

一生不可不读的哈佛情商课

言语表达幽默生动，这是一个人知识和智慧的表现，有利于取得良好的沟通效果。在交往中，幽默语言如同润滑剂，可有效地降低人与人之间的"摩擦系数"，化解冲突和矛盾，并能使我们从容地摆脱沟通中可能遇到的困境。

英国电影演员卓别林曾经说过："幽默是智慧的最高表现，具有幽默感的人最富有个人魅力，他不仅能与别人愉快相处，更重要的是拥有一个快乐的人生。"的确，幽默是沟通最好的清凉剂，懂幽默的人懂得如何给生活添加作料，受到不公平待遇也会泰然处之，即使心情郁闷，也能通过开玩笑的方式缓解情绪并带给别人快乐。这种人热爱生活，大智若愚，充满了人格魅力，现实生活中会得到众多朋友的喜爱，也使自己的生命总是趣味盎然。

有一次，林肯在进行讲演时，台下突然有位不知名的先生递给他一张纸条。林肯打开一看，纸条上赫然写着"傻瓜"两个字。当时，林肯旁边也有很多人看到了字条上写的内容，他们面面相觑，而后又都盯着总统，看看他将如何处理这次公然的挑衅。林肯沉思了一会儿，微微一笑，说道："我收到过太多匿名信，上面只有正文而没有落款，今天这封信却不一样，只有署名，却没有正文。"话刚一说完，台下知情的观众就为林肯的机智和幽默热烈地鼓起掌来。那位"傻瓜"先生见此情景，混在人群中灰溜溜地走掉了。紧张的会场气氛，顿时轻松了起来，演讲也没有受到任何影响，继续进行。

幽默是一种生活的机智，它将人们对生活的领悟，以一种诙谐、有趣的形式表达出来，令人发笑，引人深思。拥有幽默感不仅能使人自信，更能使我们在人际交往中善于化解危机，消除不利的因素。

幽默是社会活动的必备礼品，是活跃社交场合气氛的最佳"调料"。它能增添人们的欢乐，轻描淡写般地拂去可能飘来的一丝不快，还能巧妙得体地摆脱自己或他人面临的窘境——这就是幽默的魅力所在。

人与人交往最重要的目的无非是想让别人接受自己。如果不能够给别人惊喜或者意外，那么想让别人记住自己恐怕很难。而幽默是打开别人心房的一把钥匙，也是交际场合的一种常用手法，懂得幽默的人必然会受到别人的欢迎。那么，就让我们成功地驾驭幽默，达到交谈的最高境界吧。

记住他人的名字，赢得他人的好感

善于记住别人的名字，是人与人之间交往最基本的礼仪，是文明礼貌的一种体现。美国"成人教育之父"卡耐基说过："记住人家的名字，而且很容易地叫出来，等于给别人一个巧妙而有效的赞美。"

在交际过程中，记住对方的名字是极为重要的。因为，这既表现出了你对对方的重视，同时，也让对方感到你的亲切，如此一来，对你的好感也就油然而生。抓住了对方的这一心理特征，你也就轻松地赢得了交际的第一回合了。

在某家旅馆的大厅里，有一位来自远方的客人到服务台办住宿手续，客人还没有开口，服务小姐就先说："××先生，欢迎你再次光临，希望您在这儿住得愉快。"

客人听后十分惊讶，没想到她会记住自己的名字，他露出欣喜的笑容，因为他只在半年前到这里住过一次。这位客人因此而感受到了莫大的尊重，进而对那位服务小姐，甚至她服务的旅馆产生了好感。

古人云："不知礼，无以立也；不知言，无以知人也。"记住别人的名字，不仅传递了你对别人的尊重，满足了人类基本的心理需求，拉近了人与人之间的距离，产生其他礼节所达不到的效果，也体现了一个人的知识、涵养和魅力所在。

哈佛大学的一位心理学家曾说："在人们的心目中，唯有自己的姓名是最美好、最动听的东西。"人们在日常应酬中，如果一个并不熟悉的人能叫出你的名字，就会产生一种亲切感和知己感；相反，如果见了几次面，对方还是叫不出你的名字，便会产生一种疏远感、陌生感，增加双方的心理隔阂。许多事实也已经证明，在人际交往中，广记人名有助于交往活动的展开，并助其成功。

一位德高望重的哈佛教授，当有人问他深受学生爱戴的原因时，他说：记住每个学生的名字。

多年以前，有一次，教授在一家饭馆吃饭，忽然听到有人喊他老师，一抬头他发现是他们学院几年前毕业的一位学生和他的女友，看情形是刚交上不久的女朋友。碰巧，教授记得这位学生，就随口叫了他的名字。当他刚叫出口，那位学生就惊喜得瞪大了眼睛，激动地说："没想到过了这么多年老师还记得我！"

几天后，教授接到那位学生的电话，他在电话里不停地道谢！原来，他的女朋友起初对他不冷不热，但上次在饭馆吃饭时碰到老师，老师叫出了他的名字，女朋友对他的态度竟然改变了，她说老师过了这么多年仍能叫出他的名字，说明他在大学时一定很不错。

从那件事以后，教授就意识到，一位老师随口叫出一位学生的名字对学生来说是多么重要的一件事。所以，后来每接一个新班级，教授做的第一件事情就是在最短的时间内叫出班里所有学生的名字！

姓名，是世界上最美妙的字眼，每个人都十分看重自己的姓名。记住别人的姓名，并真诚地叫响，它意味着我们对别人的接纳，对别人的尊重，对别人的诚心，对别人的关注。

记住别人的名字，不光是对他人的尊重，更是对个人修养的一种体现。美国总统罗斯福说过："交际中，最明显、最简单、最重要、最能得到好感的方法，就是记住别人的名字。"

善于记住别人的名字是一种礼貌，也是一种感情投资，在人际交往中会起到意想不到的效果。美国一位学者曾经说过："一种既简单但又最重要的获得好感的方法，就是牢记住别人的姓名，并且在下一次见面时喊出他的姓名。"名字作为每个人特有的标志，是非常重要的。对一个人来说，自己的名字是世界上听起来最亲切和最重要的声音。它不但获得友谊、达成交易、得到新的合作伙伴的通行证，而且能立即产生其他理解所达不到的效果。所以，尝试记住他人的名字，不仅是对他人的尊重和表示你对他人的重视，同时也让对方对你产生更好的印象。

心是靠爱和宽容征服的

宽容是一种高贵的品质、崇高的境界，是一种智慧和力量，学会宽容别人，也就是善待自己的一种方式，你在宽容别人的同时，也给了自己一个淡然的心态。

哈佛学者认为，宽容的伟大来自于内心。宽容无法强迫，真正的宽容总是真诚的、自然的。用你的体谅、关怀、宽容对待曾经伤害过你的人，使他们感受到你的真诚和温暖。宽容所至，能化干戈为玉帛，仇恨的乌云也会被一片祥和之光所驱散，澄明而辽阔，蔚蓝如洗。

如今，宽容作为一种美德受到了人们的推崇，作为一种人际交往的心理因素也越来越受到人们的重视和青睐。

在哈佛大学的一堂人文课上，一位教授讲了这样一个真实的故事。

"二战"期间，一支部队在森林中与敌人相遇激战，最后两名战士与部队分开，失去了联系。他们之所以在战场上还能相互照顾，彼此不分，是因为他们是来自同一个小镇的朋友。

两个人在森林中艰难跋涉，他们互相鼓励、互相安慰，十多天过去了，他们仍然未能与部队联系上。这一天，他们打到了一只鹿，依靠鹿肉，他们又艰难地度过了几天。也许是战争的原因，动物都四散奔逃或被杀光了，他们这以后再也没有看到任何动物。仅剩下的一点鹿肉背在年轻一点的战友身上，然而这一天他们在森林里又遇到了敌人，经过再一次激战，他们巧妙地避开了敌人。就在自以为安全的时候，他们饥饿难耐，这时只听见一声枪响，走在前面的年轻战士中了一枪，幸亏是在肩膀，后面的战友惶恐地跑了过来，他害怕得语无伦次，抱着战友的身体泪流不止，赶忙把自己的衬衣撕下包扎战友的伤口。

晚上，未受伤的战士一直念叨着母亲，两眼直勾勾的，他们都以为他们的生命即将结束。虽然饥饿，身边的鹿肉谁也没有动。天知道，他们怎么度过了那一夜。第二天，部队救了他们。

时隔30年，那位受伤的战士安德森说："我知道谁朝我开了一枪，他就是我的朋友，然而他去年去世了。在他抱住我的时候，我碰到了他的发热的枪管，我怎么也不明白，但当晚我就宽容了他，我知道他想独吞我身上带的鹿肉活下来，但我也知道他活下来是为了他的母亲。此后的30年，我装作根本不知道此事，也从不提及。战争太残酷了，他的母亲还是没能等到他回来，我和他一起祭奠了老人家。他跪下来说，请我原谅，我没让他说下去，我们又做了二十几年的朋友，我没理由不宽容他。"

俗话说："冤冤相报何时了。"以德报怨，浇下宽容与友爱，必定结出友爱。如果你在切肤之痛后，采取别人难以想象的态度，宽容对方，表现出别人难以达到的襟怀，你的形象瞬时就会高大起来。你的宽宏大量、光明磊落使你的精神达到了一个新的境界，你的人格折射出高尚的光彩。以德报怨，不但能很容易地化解矛盾，还能收获对方的尊重和友善。

宽容是极高思想境界的升华，是一种博大的境界。表面上看，它只是一种放弃报复的决定，这种观点似乎有些消极，但真正的宽容却是一种需要巨大精神力量支持的积极行为。正如荷兰哲学家斯宾诺莎所说："心不是靠武力征服，而是靠爱和宽容大度征服。"同是面对他人的过错，耿耿于怀、睚眦必报定会带来心灵的负累。真正仁者会选择一份包容，一份泰然。包容的神奇就在于化干戈为玉帛，化敌人为朋友。

宽容是一种非凡的气度，体现了一个人的素养，表现了人的思想水平。只有宽容，才会在心中留出一片天地给别人。能以宽容对待别人的人，在生活中能养成将心比心、推己及人的做人做事的习惯，这样的人肯定是受人尊敬和欢迎的。

开口赞美别人是最大的赢家

事实上，每一个人都希望得到别人的赞美，赞美能激发人的自豪感和成就感，营造美好的心境，促生进取的动力。而赞美者在赞美、鼓励别人的同时，也会改善自己与周围的关系，丰富自己的生存智慧。

哈佛大学心理学专家的研究表明，对赞美的渴求源于人的本性，它具有无穷的力量。人不仅有物质需求，更重要的还有精神需求。赞美给予人们的不仅仅是自尊心的满足，它还能给人以自信和力量，这种精神的力量是无法用其他东西替代的。

赞美是人际交往中最能打动人心的语言，被赞美者往往会对赞美者产生亲切感，相互间的交际氛围也会大大改善。当赞美成为你说话的一种习惯时，你的生活中就会到处充满阳光。

一位销售人员去拜访一位新顾客，主人刚把门打开，一只活泼可爱的小狗就从主人脚边蹿了出来，好奇地打量着他。销售人员见此情景决定马上改变原已设计好的销售语言，他装着惊喜的样子说："哟，多可爱的小狗啊！是外国的品种吧？"

主人自豪地说："对呀！"

销售人员又说："真漂亮，鬃毛都收拾得整整齐齐的，您一定天天梳洗吧？真不容易啊！"

主人很愉快地说："是啊！是不容易的，不过它很惹人喜欢。"

销售人员就这条狗展开了话题，然后又巧妙地将话题引到他的真正意图上。待主人醒悟过来时，已不好意思再将他拒绝门外了。

真诚的赞美别人，这是令人开心的"特效药"。发自内心的赞美可以让我们快速地获得陌生人的好感，同时也可能给你带来意想不到的帮助。

莎士比亚曾经说过这样一句话："赞美是照在人心灵上的阳光。没有阳光，我们就不能生长。"心理学家威廉姆·杰尔士也说过这样一句话："人性最深切的需求就是渴望别人的赞赏。"在人与人的交往中，适当地赞美对方，会增强这种和谐、温暖和美好的感情。你存在的价值也就被肯定，使你得到一种成就感。

赞美是人际交往成功的一种重要能力，人们会因此而喜欢你，而你自己也会因此而受益无穷。俗话说："良言一句三冬暖。"人一旦被认定其价值后，总会喜不自胜，在此基础上，你再提出自己的请求，对方自然就会爽快地答应下来。哈佛大学心理学家证实：心理上的亲和，是别人接受你意见的开始，也是转变态度的开始。由此可知，求助者要想在求人办事过程中取得成功，一个行之有效的方法就是给予其真诚的赞美。赞美别人是一种有效的情感投资，而且投入少，回报大，是一种非常符合经济原则的行为方式。

　　有一个年轻人应邀去参加一个盛大的舞会，可是年轻人却显得心事重重。一位年长的女士邀请他共舞一曲，随着欢快的舞曲，年轻人也变得开朗起来。

　　一曲结束，年轻人对年长的女士给予由衷的赞美，对她的舞技大加赞赏。年长的女士听到有人这么欣赏她的舞蹈，显得很开心。出于好奇，女士忍不住询问年轻人刚开始时为何愁眉不展。

　　年轻人讲出了原因，原来年轻人是一家运输公司的老板，可是由于自然灾害的原因，他的公司遭受了很大的损失，已经接近破产的边缘。年轻人已经没有多余的资金维持公司的周转了，即使想翻身也没有机会了。

　　事有凑巧，年长女士的丈夫是当地一家大银行的行长，女士很爽快地把年轻人介绍给了她的丈夫，她的丈夫随即找人对年轻人的公司进行了分析和调查，给他贷款100万，帮助年轻人渡过了难关，解了燃眉之急。

　　赞美是人际关系的催化剂。真诚的赞美往往会迅速缩短人与人之间的心理距离，从而达成有效沟通的目的。鼓励和赞美他人，使他人有一种满足感，把他当作你的知心朋友，这对交往来说，有不可估量的作用。所以，在人际交往中，我们要善于发现别人身上的优点，恰到好处地赞扬别人。

乐于助人，将会收获更多的喜悦

人的本质是爱的相互存在，人的生活是与他人的相互交往构成的。乐于助人，就是要求人们善于理解他人的处境、他人的情感和需要，随时准备从道义上去支持别人，从行动上去关心帮助别人。这不仅仅是哈佛大学提倡的美德之一，还应该成为当今社会提倡的道德风尚。

然而，生活中不少人认为帮助别人，自己就要有所牺牲；别人得到了，自己就一定会失去。其实，很多时候帮助别人并不意味着自己吃亏，帮助别人也是帮助自己。正如美国思想家爱默生所说："人生最美丽的补偿之一，就是人们真诚地帮助别人之后，同时也帮助了自己。"

乐于助人是一个人思想境界的行为体现，是一种精神的升华。一个乐于助人的人，能够不断收获到他人的支持、帮助。美国埃·哈伯德曾说过："聪明人都明白这样一个道理，帮助自己的唯一方法就是去帮助别人。"事实上，只要你能在别人需要帮助的时候，愿意伸出热情的双手，你的朋友就会越来越多，你的路也会越走越宽。

巴萨尔是从父亲的手中接过这家食品店的，这家古老的食品店很早以前就在镇上远近皆知了，他希望能够通过自己的努力，让食品店更加兴旺。

一天晚上，巴萨尔正在店里收拾货物清点账款，因为第二天他将和妻子一起去度假。他打算早早地关上店门，以便为外出度假做准备。忽然，他注意到店门外不知何时竟站着一位面黄肌瘦的年轻人，他衣衫褴褛、双眼深陷，一看就知道是一个典型的流浪汉。

巴萨尔是个热心肠的人。他走了出去，对那人说道："年轻人，有什么需要帮忙的吗？"

年轻人略带腼腆地问道："这里是巴萨尔食品店吗？"他说话时带着浓重的墨西哥味。"是的。"巴萨尔点了点头。

年轻人更加腼腆了，他低着头，小声说道："我是从墨西哥来找工作的，可是整整两个月了，我仍然没有找到一份合适的工作。我父亲年轻时也来过美国，他告诉我他在你的店里买过东西，喏，就是这顶帽子。"

巴萨尔看见小伙子的头上果然戴着一顶十分破旧的帽子，那个被污渍弄得模模糊糊的"V"字形符号正是他店里的标记。"我现在没有钱回家了，也好久没有吃过一顿饱餐了。我想……"年轻人继续说道。

巴萨尔知道眼前站着的人只不过是多年前一个顾客的儿子，但是，他觉得自己应该帮助这个小伙子。于是，他把小伙子请进了店内，好好地让他饱餐了一顿，并且还给了他一笔路费，让他回国。

不久，巴萨尔便将此事淡忘了。过了十几年，巴萨尔的食品店越来越兴旺，在美国开了许多家分店，他于是决定向海外扩展。可是由于他在海外没有根基，要想从头发展困难重重。为此，巴萨尔一直犹豫不决。

正在这时，他收到了一封来自墨西哥的信件，原来写信人正是多年前他曾经帮助过的那个流浪青年。此时，当年的那个年轻人已经成了墨西哥一家大公司的总经理，他在信中邀请巴萨尔来墨西哥发展，与他共创事业。这对于巴萨尔来说是喜出望外，有了这位总经理的帮助，巴萨尔很快在墨西哥建立了他的连锁店，而且经营发展得异常顺利。

一个流浪青年，谁又能想到多年之后，他能成为大老板呢？倘若当时巴萨尔没有帮助这位青年，他的事业之路也不会发展得那么顺利。这种回报与其说是上帝的赐予，不如说是巴萨尔当初种下了善因，而一个有着善心和善举的人，是应该得到回报的。

正所谓"行下春风，必有秋雨"，许多人活一辈子都不会想到，自己在帮助别人时，也同样帮助了自己。在日常生活中，许多偶然的事情将会决定你未来的命运，而生活却从来不会说什么，但却会用时间诠释这样一个真理：帮助别人，就是帮助自己。

事实上，我们总想从别人那里获取更多的东西，自己却吝啬哪怕一点点的付出。美国社会心理学家马斯洛指出，人都有爱与被爱的需要。我们更关注被爱和受尊重的感受，却往往忽视了爱与尊重他人的前提。其实，你只要主动去关照、帮助一下别人，你眼前的世界就会因此而改变。所以，我们要舍弃一些不必要的自我意识，帮助别人做一些力所能及的事情。记住：当我们搬开别人脚下的绊脚石时，也许恰恰是在为自己铺路。我们在帮助别人的时候，也就是在帮助我们自己。

给别人留足面子，自然会得到感激

人们常说："人有脸，树有皮。"这句话说出了人性的一大特点：爱面子。可是我们不能只爱自己的面子，而不给他人面子。面子是一个人的尊严，很多人利益可以失去，但面子不能失去。面子问题是头等大事，因此，我们要学会为他人保留面子。

在美国经济大萧条时期，有位17岁的姑娘好不容易找到了一份在高级珠宝店当售货员的工作。在圣诞节前一天，店里来了一个30岁左右的贫民顾客，他衣着破旧，满脸哀愁，用一种不可企及的目光，盯着那些高级首饰。

姑娘要去接电话，一不小心把一个碟子碰翻，六枚精美绝伦的钻石戒指落在地上。她慌忙捡起其中的五枚，但第六枚怎么也找不着。这时，她看到那个30岁左右的男子正向门口走去，顿时意识到戒指被他拿去了。当男子将要触及门柄时，她柔声叫道：

"对不起，先生！"

那男子转过身来，两人相视无言，足有几十秒。

"什么事？"男人问，脸上的肌肉在抽搐，再次问："什么事？"

"先生，这是我的第一份工作，现在找个工作很难，想必您也深有体会，是不是？"姑娘神色黯然地说。

男子久久地审视着她，终于一丝微笑浮现在他的脸上。他说："是的，确实如此。但是我能肯定，你在这里会干得不错。我可以为您祝福吗？"他向前一步，把手伸给姑娘，那枚钻石戒指就在他的手上。

"谢谢您的祝福。"姑娘立刻也伸出手，戒指戴在了她的手指上。姑娘用十分柔和的声音说："我也祝您好运！"

故事中的这个小姑娘是睿智的，她很会照顾对方的情面，没有开门见山地要回戒指，而是委婉地指出了男子的错误。她先说出自己的难处，找工作不容易，让男子认识到自己的错误，进而主动交还戒指。那男子也很珍惜没有露丑丢脸的时机，非常体面地改正了自己的错误。

其实，很多时候，给别人留个余地或面子，或许就是给了别人一个别样的人生。给别人一个余地，也就是为自己解决了一个难题。遇到棘手的问题时，不妨换个角度换个思维，想想怎样找到一个合适的台阶。

一家公司的经营连续几个月不景气，主要原因是由于销售部经理的短见和固执己见造成的。在经营讨论会上，王林看到经理依然不能听大家的意见，而且有意向管理层隐瞒自己的失误。王林忍无可忍，拍案而起，指责经理的种种不是，同事们为他的勇气感到惊讶。他也自认为这样做是为了公司的利益，没有什么个人恩怨掺杂其中。看到经理在大家的注视下，脸色十分难堪，紧紧咬着嘴唇，此时，王林才发现自己做得有些过火。

事实上，无论你采取什么样的方式指出别人的错误，即使是一个藐视的眼神，一种不满的腔调，一个不耐烦的手势，都可能让别人觉得没面子，从而带来难堪的结果。不要想着对方会同意你所指出的错误，因为你否定了他的智慧和判断力，打击了他的荣耀和自尊心，同时还伤害了你们之间的感情。他非但不会改变自己的看法，还会进行反击。所以，在给别人指出错误的时候要委婉，讲究方式，给别人留个面子，这样会更容易让别人接纳。

学会为别人保住面子，是人际交往中的一条基本原则。可以说，你每给别人一次面子，就可增加一个朋友；你每驳一次面子，就可能增加一个敌人。只有把别人的面子顾及到了，我们才能在这个社会中如鱼得水地生存。

不做无意义的争论，获得别人的好感

人和人之间就某件事产生分歧是非常正常的。很多人在产生分歧之后，首先想到的是争论，甚至用争吵来达到占据主动的目的，这似乎也是正常的。但是，这种似乎是正常的解决办法，却恰恰是最糟糕的办法。

哈佛大学的一位心理学家指出，用争论的方法不能改变别人，只会引起反感。争论所引起的愤怒常常使人际关系恶化，而所被争论的事物依旧不会得到改善。正如睿智的本杰明·富兰克林所说："如果你老是争辩、反驳，也许偶尔能获胜；但那是空洞的胜利，因为你永远得不到对方的好感。"

　　第二次世界大战刚结束的一天晚上，卡尔在伦敦学到了一个极有价值的教训。卡尔参加一次宴会，宴席中，坐在卡尔右边的一位先生讲了一段幽默笑话，并引用了一句话，意思是"谋事在人，成事在天"。他说这句话出自《圣经》，但他错了。卡尔知道正确的出处，一点疑问也没有。

　　为了表现出优越感，卡尔很讨嫌地纠正了他。那人立刻反唇相讥："什么？出自莎士比亚？不可能，绝对不可能！那句话出自《圣经》。"他自信确定如此！

　　那位先生坐在卡尔的右边，而卡尔的老朋友弗兰克·格蒙坐在他的左边，格蒙研究莎士比亚的著作已有多年。于是，他俩都同意向格蒙请教。格蒙听了，在桌下踢了卡尔一下，然后说："卡尔，这位先生没说错，《圣经》里有这句话。"

　　那晚回家路上，卡尔对格蒙说："弗兰克，你明明知道那句话出自莎士比亚。"

　　"是的，当然，"他回答，"《哈姆雷特》第五幕第二场。可是亲爱的卡尔，我们是宴会上的客人，为什么要证明他错了？那样会使他喜欢你吗？为什么不给他留点面子？他并没问你的意见啊！他不需要你的意见，为什么要跟他抬杠？你应该避免这些毫无意义的争论。"

　　是的，永远不要与人进行无意义的争辩，那只会引起别人的反感。如果你与别人争辩的动机，是出于想要证明自己是对的、为自己辩白或赢得听众的信服，那么你的行为太自私了，你永远不会得到别人的欢迎。所以，当你要与别人争辩前，不妨先考虑一下，我到底要什么呢？一个是毫无意义的"表面胜利",一个是对方的好感。

生活中,很多人喜欢争辩,对一个问题,一个观点,争得脸红脖子粗,大有针尖对麦芒之势。或许一时争论的胜利,会让你觉得占了上风,掌控了整个场面,但实际上你还是没有达到解决问题的目的,这是为什么呢?如果你的胜利使对方的论点被攻击得千疮百孔,证明他一无是处,那又怎么样呢?你会觉得扬扬得意,但对方呢?他会自惭形秽,你伤了他的自尊,他会怨恨你的胜利。而且一个人即使口服,心里也并不服。因此,争论是要不得的,甚至连最不露痕迹的争论也要不得。如果你老是抬杠、反驳,即使偶尔获得胜利,却永远得不到对方的好感。所以,真正赢得胜利的方法不是争论,而是不要争论。

善于推销自己,让别人更喜欢你

哈佛大学的教授经常会这样教导学生:人人都是推销者,人的一生就是在不断地推销自己——不论是在工作、生活还是爱情中。演员要向观众推销自己的表演才华,销售员要向客户推销自己的产品,求职者要向面试官推销自己的能力和专长……推销自己是门艺术,只有掌握了其中的策略和技巧,才能把自己的意图、知识、优点、服务、人格魅力等推销给别人,博取对方的理解、好感和支持,顺利取得成功。

卡耐基曾说过:"生活就是一连串的推销,我们推销商品,推销一项计划,我们也推销自己。推销自己是一种才华,一种艺术。当你学会了推销自己，你几乎就可以推销任何有价值的东西了。"可见，学会推销自己是每个人必修的一门课。

生活中，我们每个人都需要推销自己，因为这是体现自己的人生价值的需要。不论你从事何种职业，你随时都在向别人推销自己的观点和意见，这是在展示自己，与吹嘘完全不同。当你被人认可、接受、欣赏时，你的价值就体现了，你的言谈举止、社交礼仪、学识修养的展示，不仅给人留下深刻的印象，同时也使你能更有效地改进自己，顺应高速发展、竞争激烈的现代社会。这就是成功地推销了自己的结果。

善于推销自己的人，总能让自己的才华被人发现和欣赏。人生中到处都有自我推销的机会，只要你时刻坚信这种观点，及时抓住身边转瞬即逝的机会，那么你一定能赢得他人的青睐，实现自己的梦想。

　　墨西哥总统毕森特·福克斯出生于墨西哥一个富裕的农家，在父母的栽培下，从伊比利亚美洲大学企业管理系毕业后，到美国深造，获得哈佛大学管理学院文凭。毕业后，福克斯便进入可口可乐公司，开始他的推销工作。而他的行销能力也在一段时间后不断地发挥出来，而且表现得越来越杰出。聪明的福克斯在推销可口可乐的同时，也学会了推销自己。无能在任何场合，福克斯都会充分地展现自己的经商才能与政治天分，在他决定从政之后，更为自己塑造出一个平民总统的形象。当竞选活动开始时，福克斯便一反惯例，把对助选人员的挑选，全权交由一位主管去执行。即使当选之后，他也不愿遵循惯例招揽同党人士参与国政，而是尽可能选择各种不同代表、不同理念的人才。当了总统后，福克斯更是把他的推销才华发挥到了极致，他说："我曾经是一个推销员，而今我虽然是墨西哥总统，但是我同样是在做行销的工作，因为，我推销的是墨西哥灿烂而悠久的玛雅文化！"为了防止墨西哥的政治腐败，福克斯别出心裁地在总统府的大厅门口，摆放了一座苹果雕塑——一颗已经被蛀虫咬开了一个缺口的苹果，旁边还有一行字"不容侵蚀"。为了建立自己与民众之间的沟通渠道，福克斯又别出心裁地开办了总统电台。这家改名为福克斯直播的广播电台，并没有花国家一分钱，全是福克斯从现有的资源中筹组出来的。通过直播的沟通渠道，福克斯果真与民众更加亲近了。爱民亲民的福克斯，从年轻时期便开始在孤儿们的身上付出爱心，没有生育子女的他，领养了四个孤儿。他说："身为国家元首，我有义务让这些无家可归的小公民们，得到良好的照顾和关爱。"那年，福克斯在总统宣誓就职的仪式上，对全体人民这么宣誓："如果我向前进，就请大家跟着我前进。不过，如果我停止了，请你们务必推我向前，万一我后退了，就请大家大胆地杀了我吧。"

福克斯的成功，就是由于他聪明的自我推销。人活着就是在推销，每个人无时无刻地不在推销着世界上最伟大的产品——自己。推销自己，就是让别人注意到自己，做人生舞台上的主角；推销自己，就是让更多的人接受自己，自然地融入人际关系中；推销自己，就是完美地展现自己，真正实现人生的价值。

第四章
经历磨难，锻炼身心意志

学会忍耐，事业有所成就

俗话说："心字头上一把刀，一事当前忍为高。""忍"不是让人忍气吞声，息事宁人，而是达到人生中的某种目的，避免感情用事的一种思想方法。

忍耐，看似是东方智慧，实际上也是哈佛大学所提倡的心理品质。忍耐不是一个抽象的概念，而是内涵丰富的一种谋略，不是消极沉默，而是蓄势待发。忍耐实质上是一种动态的平衡，当量积累到一定的时候必然会发生质的转换。忍耐是意志的磨炼、爆发力的积蓄，是暴风雨中明丽彩虹的酝酿，我们要耐得住寂寞、失落甚至屈辱和辛苦，等待和把握好进攻的最佳时机。

哈佛学者认为，事物总是在不断地运动和变化着，机会存在于忍耐之中，对于垂钓者来说，最好的进攻方式就是忍耐。大机会往往蕴藏在大忍耐之中，大丈夫志在四方，岂可为鸡毛蒜皮的小事而乱了大谋。忍耐不是停止、不是逃避、不是无为，而是保守、蓄积、迂回前进。当命运陷入无可掌控之时，就要心平气和地接纳这种弱势，坚强地忍耐弱者的地位，在守弱的基础上积累实力，一点点发愤图强，使自己慢慢地脱离弱者的不利地位，适时出击，争取赢得新的成功机会。

一生不可不读的哈佛情商课

有一位年轻人毕业后被分配到一个海上油田钻井队工作。在海上工作的第一天，领班要求他在限定的时间内登上几十米高的钻井架，把一个包装好的漂亮盒子拿给在井架顶层的主管。年轻人抱着盒子，快步登上狭窄的、通往井架顶层的舷梯。当他气喘吁吁、满头大汗地登上顶层，把盒子交给主管时，主管只在盒子上面签了一下自己的名字，便又给他，让他送了回去。于是，他又快步走下舷梯，把盒子交给领班，而领班也是同样在盒子上面签了一下自己的名字，然后让他再次送给主管。

年轻人看了看领班，犹豫了片刻，又转身登上舷梯。当他第二次登上井架的顶层时，已经浑身是汗，两条腿抖得厉害。主管和上次一样，只是在盒子上签了一下名字，让他把盒子送下去。年轻人擦了擦脸上的汗水，转身走下舷梯，把盒子送下来，可是，领班还是在签完字以后让他再送上去。

年轻人终于开始感到愤怒了。他尽力忍着不发作，擦了擦满脸的汗水，抬头看着那已经爬上爬下了数次的舷梯，抱起盒子，步履艰难地往上爬。当他上到顶层时，浑身上下都被汗水浸透了，汗水顺着脸颊往下淌。他第三次把盒子递给主管，主管看着他慢条斯理地说："把盒子打开。"

年轻人撕开盒子外面的包装纸，打开盒子，里面是两个玻璃罐：一罐是咖啡，另一罐是咖啡伴侣。年轻人终于无法克制心头的怒火，把愤怒的目光射向主管。主管又对他说："把咖啡冲上。"此时，年轻人再也忍不住了，"啪"的一声把盒子扔在地上，说："我不干了。"说完，他看了看扔在地上的盒子，感到心里痛快了许多，刚才的愤怒发泄了出来。

这时，主管站起身来，直视他说："你可以走了。不过，看在你上来三次的分上我可以告诉你，刚才让你做的这些叫作'承受极限训练'，因为我们在海上作业，随时会遇到危险，这就要求队员们有极强的承受力，承受各种危险的考验，只有这样才能成功地完成海上作业任务。很可惜，前面三次你都通过了，只差这最后的一点点，你没有喝到你冲的甜咖啡，现在，你可以走了。"

由此可见，只有忍才能不败！忍能保身，忍能成事，忍是大智、大勇，忍是成大事的前提。懂得忍耐有利于成就事业，意气用事只会错失良机。面对别人的侮辱和伤害，我们没必要急急忙忙以一种对抗的方式来证明自己并非软弱可欺，因为路遥知马力，日久见真功。有效地忍耐，会使我们获得更多的收益。

人的一生当中会遇到很多问题，如果你能忍耐第一个问题，你便学会了控制你的情绪和心志，以后碰到大的问题，自然也能忍，也自然能忍到最好的时机再把问题解决，这样才能成就大事业！

你若不勇敢，谁替你坚强

坚强是一种重要的心理品质，是人们做事获得成功的必要前提。任何人的一生都不会一帆风顺，生命的长河避不开曲折弯道、浅滩险湾，总会有这样或那样的不如意的事情发生。当困难或矛盾来临时，我们必须学会坚强。只有内心足够的强大，我们才会积极勇敢地面对挫折和困难。法国小说家巴尔扎克曾说过："挫折是能人的无价之宝，弱者的无底之渊。"的确，强者在挫折面前会愈挫愈勇，而弱者面对挫折会颓然不前。

　　雷·克洛克似乎是一个生不逢时的美国人，他从出生到工作总是遭受到上天的作弄。雷·克洛克出生的那年，恰逢西部淘金热结束，一个本来可以发大财的时代与他擦肩而过。按理说，他读完中学就该上大学，可是1931年的美国经济大萧条使其囊中羞涩而和大学无缘。后来，他想在房地产上有所作为，好不容易才打开局面，不料第二次世界大战烽烟四起，房价急转直下，结果"竹篮打水一场空"。为了谋生，他到处求职，曾做过急救车司机、钢琴演奏员和搅拌器推销员。就这样，几十年来低谷、逆境和不幸伴随着雷·克洛克，命运一直在捉弄他。

　　这一系列的挫折和失败并没有将雷·克洛克击倒，相反，他越挫越勇，热情不减，执着追求。1955年，在外面闯荡了半辈子的他回到老家，卖掉家里少得可怜的一份产业做生意。这时，雷·克洛克发现迪克·麦当劳和迈克·麦当劳开办的汽车餐厅生意十分红火。经过一段时间的观察，他确认这种行业很有发展前途。当时雷·克洛克已经52岁了，对于多数人来说这正是准备退休的年龄，可这位门外汉却决心从头做起，到这家餐厅打工，学做汉堡包。麦当劳兄弟的餐厅转让时，他毫不犹豫地借债270万美元将其买下。经过几十年的苦心经营，麦当劳现在已经成为全球最大的以汉堡包为主食的速食公司之一，在国内外拥有上万多家连锁分店。

　　每个人的成功都是一条荆棘路，战胜挫折的最好办法就是学会坚强。只要你有一颗永不服输的心，有一种越挫越勇的意志，内心就会升腾起一股勇往直前的勇气，从而也就不再抱怨上苍的不公。

　　挫折可以把人吓倒，使人唉声叹气，退缩不前；也可使人精神振奋，经受磨炼，增长才干，增强意志，就看你如何对待它。只有能面对困难和挫折而毫无惧色的人，才能到达成功的顶峰。

　　曾有这样一个孩子，因为疾病导致左脸局部麻痹、嘴角畸形，所以他的长相十分丑陋，说话也不流利，而且还有一只耳朵失聪，但他却从来没有放弃过对生活的热爱和渴望。也许，这个孩子注定是一个生活的强者，他比一般的孩子更快地走向成熟。他默默地忍受着别的孩子的嘲笑、讥讽的话语和目光，他虽然自卑，但更有奋发图强的意志。当别的孩子在玩具中打发时间时，他沉浸在书本中，在他读的书中有很大一部分是成人读物，他却读得津津有味，因为他从中学到了坚强，学到了一种永不放弃的品质。为了矫正自己的口吃，他模仿一位有名的演说家，嘴里含着小石子讲话。看着嘴唇和舌头都被石子磨烂的儿子，母亲心疼地流着眼泪说："不要练了，妈妈一辈子陪着你。"懂事的他替妈妈擦着眼泪说："妈妈，书上说，每一只漂亮的蝴蝶，都是自己冲破束缚它的茧之后才变成的。如果别人把茧剪开一道口，由茧变成了的蝴蝶是不美丽的，我要做一只美丽的蝴蝶。"

　　后来，他能流利地讲话了。因为他的勤奋和善良，中学毕业时，他不仅取得了优异的成绩，还获得了良好的人缘。他周围的人，没有谁会嘲笑他，有的只是对他的敬佩和尊重。

　　经过不断的努力，他变得博学多才、颇有建树。后来，他参加总理竞选，他的对手居心巨测地利用电视广告夸张他的脸部缺陷，然后写上这样的广告词："你要这样的人来当你的总理吗？"但是，这种极不道德的、带有人格侮辱的攻击招致了大部分选民的愤怒和谴责。当他的成长经历被人们知道后，他赢得了极大的同情和尊敬，他说的"我要带领国家和人民成为一只美丽的蝴蝶"的竞选口号，使他高票当选为总理，人们因此亲切地称他为"蝴蝶总理"。他就是加拿大第一位连任两届、跨世纪的总理——让·克雷蒂安。

挫折对人是一种打击，同时又给人以一定的压力。它能磨炼人的意志和毅力，造就人才。"自古英雄多磨难，从来纨绔少伟男"，坚强是一个人取得成功必备的心理品质，它也是保证和维持人们奋斗的内在心理力量。俗话说，志不坚者智不达，一个没有坚强意志力的人，即使拥有过人的才华也难以取得成就。真正出类拔萃的人，大多数都是那些历尽艰辛，在挫折中磨炼出坚强的意志，在逆境中不懈奋斗的人。

学会坚强是人一生中最不可缺的生存意志和毅力。人生道路没有平坦大道，没有一帆风顺，只有崇山峻岭，只有坎坷曲折。学会坚强，才能让我们有限的生命过得更有意义！

人不吃苦枉少年，吃苦是一种资本

一说到大学生活，很多人都会认为是轻松快乐的，殊不知哈佛学生的成长要比一般大学学生辛苦得多。在哈佛校园里，一个个穿着普通的学生，他们无论在餐厅还是在医院，都像在图书馆一样，到处在阅读。他们拼命学习，不分白天和黑夜，还随时面临被淘汰。

哈佛的本科生，每学期至少要选修四门课，一年就是八门课，四年之内修满32门课并通过考试才可以毕业。一般而言，学校都要求本科生在入校后的头两年内完成核心课程的学习，第三年开始进入主修专业课程的学习。只有最聪明的天才学生可以在两三年内读完这32门课，一般的学生光应付四门课就已经忙得头昏脑涨了，因为在课堂上教授们讲得飞快，不管你听得懂听不懂，课下又留下一大堆阅读材料，读不完你根本就完成不了作业。进了哈佛大学，你才知道真正的精英并不是天才，都是要付出更多努力的人。

所有的精英教育全都是吃苦的。吃苦是一种传统美德，也是一种高尚的哈佛品质。任何成功的取得都离不开这一重要而又宝贵的因素。社会竞争，绝不仅仅是知识和智能的较量，而更多的则是意志和毅力的较量，没有吃苦的精神和能力，是不可能在激烈的竞争中获胜的。

吃苦是人的一种资本。它能丰富人的社会生活经验，磨炼人的意志，使人变得成熟，进而走向成功。

居里夫人出生在一个贫困家庭中，家境的贫穷，造就出她吃苦耐劳、好学不倦的品质。她从小就具有一种面对困难不退缩，坚持到底不动摇的坚强意志。在巴黎求学时，居里夫人租了一间小小的阁楼，那里没有电灯，没有水，没有烤火的煤。每天夜里，她只能到图书馆去看书。冬天的晚上，她把所有的衣服都穿上睡觉还冻得瑟瑟发抖，她经常一连几个星期只吃面包。在这样的环境里，居里夫人坚持学习，最终以优异的成绩通过了物理学和数学证书考试。

1895年，居里夫人与法国物理学家皮埃尔·居里结婚。从此，两人走上了同甘共苦，攀登科学高峰的道路。当时，他们的生活仍然十分贫困，为了寻找一种能透过不透明物体的射线，只得借了一个旧木棚充当实验室。实验室里既潮湿又黑暗，下雨天还会漏雨。为了节省开支，他们从很远的地方买来价格便宜的沥青矿渣做原料，靠着几台简陋的设备，开始了繁重的提炼工作。居里夫人每天穿着布满灰尘和油渍的工作服，把矿渣倒进大锅里烧，用一根一人高的木棍不停地搅拌，还要经常将20多千克重的容器搬来搬去……提炼工作经历了无数次的失败，但她没有被困难所吓倒。整整坚持了四年，终于从好几吨的矿渣里提炼出0.1克镭的化合物——氯化镭，它具有极大的放射性，这一发现轰动了全世界。1903年，居里夫人和她的丈夫双双获得了诺贝尔物理学奖。

正当居里夫人一家的工作、生活条件有所改善时，不幸的事发生了。1906年，皮埃尔·居里在街上被马车撞倒受伤后致死。居里夫人失去了亲爱的丈夫和最好的导师，她悲痛极了。但她没有消沉，而是挺起胸膛，继续进行科学研究。1910年，居里夫人提炼出金属态的纯镭。她将这一成果捐献给法国镭学研究院，用于治疗癌症病人。1911年，居里夫人再次获得诺贝尔奖。

居里夫人就是这样以顽强的毅力，克服了重重困难，坚持科学研究几十年，终于发现了放射性元素镭和钋并提炼出纯镭，成为世界著名的科学家。

懂得吃苦，敢于吃苦的人才会有所成就。每个人的成功都不是偶然的，许多成功者的背后都包含着艰辛。"吃得苦中苦，方为人上人"，这句流传千百年的至理名言告诉我们这样一个道理：吃苦耐劳是成功的秘诀。那些能吃苦耐劳的人，很少有不成功的。这是因为苦吃惯了，便不再把吃苦当苦，能泰然处之，遇到挫折也能积极进取。

吃苦是人生的一笔财富，能吃苦的人，一切的不幸都可以忍受，天下没有跳不出的困境。生活本来就有苦有甜，每个人都应该能够自然而然地感受到这一点，并从中获得教益和锻炼。生活中吃点苦很正常，没什么大不了的；只有具备不怕苦的精神，一个人走向社会，面对现实生活时才能勇往直前，并在艰难困苦的奋斗中开拓自己的事业，实现自己的理想。

吃苦是哈佛精神的重要品质之一。我们每个想成功的人，都要有吃苦耐劳的品质，不要轻视它，而要欣赏它。当你获得成功时，你就会明白，原来吃苦耐劳对人生来说是多么重要啊！

磨炼意志品质，做内心强大的自己

很多年前，哈佛大学就在研究人的意志力对生命个体的巨大作用，大学资深研究专家罗素·康达博士这样说："古往今来，对于成功秘诀的谈论实在太多了，但其实成功并没有什么秘诀。成功的声音一直在芸芸众生的耳畔萦绕，只是没有人理会她罢了。而她反复述说的就是一个词——意志力。任何一个人，只要听见了她的声音并且用心去体会，就会获得足够的能量去攀越生命的巅峰。这几年来，我一直在努力致力于一项事业——

试图在美国人的思想中植入这样一种观念：只要给予意志力以支配生命的自由，那么我们就会勇往直前。"

意志力是一个人管理自己的情绪、控制自己的欲望、激励自己不断奋进、克服痛苦达到目标的能力。拥有良好的意志力，就能成为自己命运的主宰者，能够轻松地控制自己的情绪，战胜自己的惰性，从容不迫地走向成功。而缺少意志力，一个人终生将碌碌无为。

哈佛心理学家对500名智力超常的儿童进行了追踪调查研究，根据他们的成就大小，把他们分为"有成就组"和"无成就组"进行对比，发现这两组人之间的最大差异在于意志品质方面。那些获得较大成就的人，对自己从事的事业有忘我的献身精神，为了达到奋斗目标，虽经多次挫折仍不动摇。而"无成就组"的人，则意志薄弱，在困难面前畏缩不前，只有消极地等待良机。心理学家们由此得出结论：人们事业成功与否，在很大程度上并不取决于人的智力水平和客观条件，而取决于是否有坚强的意志。

她从小就"与众不同"，因为小儿麻痹症，随着年龄的增长，她的忧郁和自卑感越来越重，甚至，她拒绝着所有人的靠近。但也有个例外，邻居家那位只有一条胳膊的老人却成为她的好伙伴。老人是在一场战争中失去一条胳膊的，老人非常乐观，她非常喜欢听老人讲的故事。

这天，她被老人用轮椅推着去附近的一所幼儿园，操场上孩子们动听的歌声吸引了他们。当一首歌唱完，老人说："我们为他们鼓掌吧！"她吃惊地看着老人，问道："我的胳膊动不了，你只有一条胳膊，怎么鼓掌啊？"老人对她笑了笑，解开衬衣扣子，露出胸膛，用手掌拍起了胸膛……那是一个初春，风中还有着几分寒意，但她却突然感觉自己的身体里涌动起一股暖流。老人对她笑了笑，说："只要努力，一个巴掌一样可以拍响。你一样能站起来的！"

那天晚上，她让父亲写了一个纸条，贴到了墙上，上面是这样的一行字：一个巴掌也能拍响。从那之后，她开始配合医生做运动。甚至在父母不在时，她自己扔开支架，试着走路。蜕变的痛苦是牵扯到筋骨的，但她怀有无限的希望，她坚持着，因为她相信自己能够像其他孩子一样行走、奔跑……

11岁时，她终于扔掉了支架。她又向另一个更高的目标努力着，她开始锻炼打篮球和田径运动。1960年，罗马奥运会女子100米决赛，当她以11秒3第一个撞线时，掌声雷动，人们都站起来为她喝彩，齐声欢呼着这个美国黑人的名字：威尔玛·鲁道夫。那一届奥运会上，威尔玛·鲁道夫成为当时世界上跑得最快的女人，她共摘取了三枚金牌，也是第一个黑人奥运女子百米冠军。

坚强的意志是人心理的支柱。高尔基曾说："意志力的薄弱是人最凶恶的敌人"，因为意志是人最重要的心理素质要素。对于一个人来讲，没有坚强的意志就成了一具无生命的躯壳，一个临死的灵魂。"宝剑锋从磨砺出，梅花香自苦寒来"。踏上成功之路，要从磨炼坚强意志开始。

坚强的意志是最为伟大、最为崇高的品格。爱迪生曾经说过："伟大的人物最明显的标志就是他的坚强意志，不管环境变换到何种地步，他的初衷与希望仍不会有任何改变，而终于克服障碍以达到所期望的目的。"

一个人意志的坚强水平，是以行动中遇到的困难大小、性质和能否克服困难来衡量的。只有你吃了常人没有吃的苦，受了常人没有受的罪，你才是一个意志坚强的人，才能实现你的宏伟目标。

坚强的意志是力量的来源，是战胜困难、克服弱点、取得事业成功的一把利剑。培养意志力是发展自我的第一步，有了坚定的意志力，就能够坚定不移地做自己认为正确的事情，而成功也就离你不远了。

超越苦难，做一个强者

在人漫长的一生中，或多或少都会经历苦难，人是从苦难中成长起来的。有人说："一时的苦难是上天赐予的，一世的苦难是自找的。"关键是苦难面前你会用什么样的心理特质来面对，如果你内心足够强大，那么你就能善待苦难，忍受苦难，超越苦难，最终成为人们羡慕的成功者。

苦难是一种财富，是对人生的一种考验。法国小说家巴尔扎克说过："苦难对于天才是一块垫脚石，对能干的人是一笔财富，对弱者是一个万丈深渊。"的确，苦难的遭遇能磨砺坚强的意志，所以我们应该心存感激，接受它，超越它！人只有经过苦难的炼狱，方能读懂人生，走向成熟。人生的价值在于对自身苦难的严峻正视、深刻思考、透彻理解和不懈抗争。

安徒生是一个穷苦鞋匠的儿子。小时候，他不仅经常和饥饿打交道，同时还处处遭到人们的鄙视，但他却有一个在当时被认为是与他出身不相称的、"异想天开"的志向——他想当一名艺术家。然而，家里很穷，请不起老师。于是，父亲就亲自给他上课，教他哲理，让他懂得了世间情怀，懂得了怜悯，也懂得了写作。11岁时，父亲病逝了，酷爱文学的他，独自一人来到丹麦首都哥本哈根，开始了在艺术领域的拼搏生涯。终于，在一次偶然的机会中，他的才华释放了出来，获得了免费就读的机会，这对于一个家境贫寒的青年来说是一次多么难得的机会！五年后，就在1828年，他升入了哥本哈根大学。毕业后始终没有工作，主要靠稿费维持生活。1835年，30岁的安徒生开始写童话，出版了第一本童话集，仅61页的小册子，内含《打火匣》《小克劳斯和大克劳斯》《豌豆上的公主》《小意达的花儿》共四篇。但作品并未获得一致好评，甚至有人认为他没有写童话的天分，建议他放弃，但安徒生说："这才是我不朽的工作呢！"

从此，他开始专注于童话创作。一篇又一篇的优秀作品接连不断地问世，事业一次次达到高峰，但他的生活却一直处于低谷。他的一生都是在逆境中度过的，自幼贫穷，早年丧父，终身未娶，贫穷，孤独，悲痛的窘境无时无刻不在伴随着他；也可以说，他的一生都是在顽强的拼搏中度过的，他不断地与命运周旋、抗争。他的作品为世间带来了一丝温暖，为孩子们带来了幸福与欢乐，自己生活在寒冷的冬天也在所不惜。

在当时那个世态炎凉的社会里，虽然饥饿和精神上的打击与安徒生结下了不解之缘。但他以强大的内心，不断拼搏的精神克服了种种困难。可以说，成大事的人必须经历苦难的折磨才能奋发，成为"人上人"。

孟子曾经说过："天将降大任于是人也，必先苦其心志，劳其筋骨，饿其体肤，空乏其身，行拂乱其所为，所以动心忍性，曾益其所不能。"

虽然说苦难总是让人痛苦的，人们更是不愿遇到苦难，但是通过苦难的磨炼也的确会使人变得成熟，从这个角度讲，苦难又不是一件坏事。可以说，苦难是磨砺人生的基石。只有在苦难面前毫无怯意，经过艰苦的磨炼，才能成就伟大的事业；而那些面对苦难胆怯、畏缩、逃避的人，是不会有所建树的，更谈不上有何惊人的业绩了。所以，当苦难降临时，我们就不该逃避、不该抱怨，而应该以坦然、积极乐观的态度对待困难，最终战胜苦难。

虽然每个人都不希望苦难降临在自己身上，然而苦难却不偏不倚地降临在每个人的身上。人是从苦难中成长起来的，没有苦难的人生是不完美的人生，就像没有风雨的天空就是不完整的天空一样。人生只有经受过苦难，思想才会受到锤炼，灵魂才会得到升华，意志才能得到坚强，才能真正认识人生，从而实现人生的最大价值。

永不放弃，坚持到底

常言道："天下无难事只怕有心人。"做什么事情都贵在坚持。坚持是一个人意志的展现，坚持是一种品质，一种自信，更是一种精神，是获得成功的一种方式。

哈佛大学的学生都听过这样一个故事：

为了宣扬哲学思想和理论，大哲学家苏格拉底开设了一所学校。

在第一次上课时，他对学生说："今天咱们只学一件最简单也最容易做的事，每人把胳膊尽量往前甩。"说着，苏格拉底示范了一遍，并问道："从今天开始，每天做300下，大家能做到吗？"学生们都笑了，这么简单的事，有什么做不到的！过了一个月，苏格拉底问学生们："到目前为止，有哪些同学坚持每天甩300下了？"有百分之九十的学生骄傲地举起了手。又过了一个月，苏格拉底又问，这回坚持下来的学生只剩下百分之八十。一年以后，苏格拉底再一次问学生："请告诉我，最简单的甩手运动，还有哪些同学坚持了？"这时，整个教室里，只有一人举起了手，他就是后来成为古希腊另一位大哲学家的柏拉图。柏拉图的成功就在于他做到了别人没有做到的事——坚持。谁坚持了，谁就是最后的成功者；谁半途放弃，谁就将以失败而告终。

这个故事告诉我们，干什么事，要取得成功，坚持不懈的毅力和持之以恒的精神是必不可少的。

坚持的品质对一个人的成长以及发展起着相当大的作用。法国科学家巴斯德说："告诉你使我达到目标的奥秘吧，我唯一的力量就是我的坚持精神。"成功与失败之间就只有那么短短的距离，一个人能否成功就在于能否坚持到最后。

"行百里者半九十。"最后的那段路，往往是一道最难跨越的门槛。其实每一个人的一生中，无论工作或生活，都会或多或少地出现这样或那样的极限环境，或者说极限困境。有的时候就需要那么一点点毅力，一点点努力的坚持，成功就能触手可及，而不是充满遗憾地擦肩而过。

骐骥一跃，不能十步；驽马十驾，功在不舍。同样，成功的秘诀不在于一蹴而就，而在于你是否能够持之以恒。任何伟大的事业，成于坚持不懈，毁于半途而废。

美国一位伟大的大学篮球教练，曾执教于哈佛大学的一支球队，而这是个刚刚连输了十场比赛而开除了教练的球队。这位教练给队员灌输的观念是"过去不等于未来"，"没有失败，只有暂时停止成功"。过去的失败不算什么，这次是全新的开始。

结果第十一场比赛打到中场时又落后了三十分，休息室每个球员都垂头丧气，教练说："你们要放弃吗？"球员嘴里讲不要放弃，可肢体动作表明已经承认失败了。于是，教练就开始问了一个问题："各位，假如今天是篮球之神迈克·乔丹遇到了连输十场比赛后，又在第十一场落后30分的情况下，篮球天王迈克·乔丹，他会放弃吗？"球员道："他不会放弃！"教练又道："假如今天是拳王阿里被打得鼻青脸肿，但在钟声还没有响起，比赛还没有结束的情况下，拳王阿里会不会选择放弃呢？"球员答道："不会！""假如发明电灯的爱迪生来打篮球，他遇到这种状况，会不会放弃呢？"球员回答："不会！"最后，教练又问他们第四个问题："米勒会不会放弃？"这时全场非常安静，有人举手问："米勒是什么人物，怎么连听都没听说过？"教练带着一个淡淡的微笑道："这个问题问得非常好，因为米勒以前在比赛的时候选择了放弃，所以你从来就没有听说过他的名字！"

这个故事向我们昭示：命运全在搏击，奋斗就是希望。失败只有一种，那就是放弃。在困难面前，永远不要轻易说放弃。放弃必然导致彻底的失败，而不放弃总会找到解决的办法，总会有所收获。所以，无论遇到什么困难，我们永远都不要轻易放弃！不放弃是你跃过峻岭沟壑的勇气，涉过激流险滩的毅力，拥有了它，你会走出今日的困境，拥有了它，你便拥有了一个光辉灿烂的明天。

经得起挫折，受得起磨难

2005年，哈佛大学的潘恩教授带领他的团队对全世界最成功的数百位政商界人士进行采访和研究，结果发现每一位成功者平均经受了3.7次重大的失败和人生危机，而至于那些小挫折更是数不胜数。潘恩教授还发现了一个定律：成就越大的人，所经历的失败往往越多，而且失败的程度也越大。这绝对不是一个巧合，而是一种社会现象，这种现象在多数时候适用于我们每一个人。

的确，人的一生是不可能一帆风顺的，在人生历程中遭遇失败，出现挫折是正常的，关键在于我们该如何正确面对挫折。只有在逆境中不气馁、不放弃，保持一颗积极向上的心，这样才能走出困境。

美国著名小说家爱伦·坡，是世界文坛上最著名、最浪漫的天才之一。但爱伦·坡的一生，历经了许多屈辱与苦难。

爱伦·坡小的时候是个孤儿，受尽了白眼与欺辱。在被一个富有的烟草商人收为养子后，由于不能博得养父的欢心，竟被骂为"白痴"，并被用棍棒打出家门。在他26岁时，他与表妹维琴妮亚不顾一切地热恋并结婚了，那是爱伦·坡一生中最美好的时光，但也给他带来了莫大的痛苦。许多人认为他疯了，劝他尽早结束这幕悲剧；有更多的人奉劝维琴妮亚离开这个穷光蛋，在他们眼里，爱伦·坡根本不配拥有爱情和一切美好的东西。

爱伦·坡夫妇的生活境况十分潦倒，很多时候穷得没有饭钱，就更不用说每月三美元的房租了。不久之后，维琴妮亚便病倒在床，爱伦·坡没有钱为自己的妻子买食物和药物，他们不是整天饿着肚子，便是当院里的车前草开花时，用它煮来充饥。除了肉体的折磨，还有来自于旁人的冷嘲热讽。面对外界巨大的压力和生活的落魄，爱伦·坡夫妇却用世间最牢固的爱情击垮了一切流言，始终彼此恩爱。爱伦·坡每天几近疯狂地写诗，渴望成功的强烈愿望使他忘记了一切痛苦，在他的脑海中，只有两个字——奋斗！

但是，体弱的维琴妮亚终究敌不过饥寒，在一个寒冷的冬夜，带着对爱伦·坡深深的爱离开了人世。失去了爱妻，爱伦·坡几乎崩溃了，唯一支撑他的就只有成功的信念了。在爱妻的坟墓旁，他强忍着泪水和思念，笔耕不辍，用全身的热情投身于创作之中。最终，他因写出了感人肺腑的《爱的称颂》而闻名于世，获得了自己人生的成功。

古人云："人生不如意事十之八九。"人生旅途中不可能一帆风顺，常会遇到许多意想不到的困难和挫折，艰难险阻是人生对我们另一种形式的馈赠，困难挫折也是对我们精神品质的磨炼和考验。面对人生劫难，我们要勇敢地去面对，从挫折中汲取教训，最终迈向成功。

坚定的信念，谁都不可以改变

信念是认识、情感和意志的有机统一，是一种综合性、稳定性和持久性很强的心理品质。人生可以没有很多东西，却唯独不能没有信念。信念是人类生活中一项重要的价值。正如有希望的地方，生命永远生生不息。

哈佛大学的老师常常告诫学生，世界上没有什么挫折能够击倒信念，精神和信念的力量是无穷的，只要你胸中有理想，心中有希望，什么困难都是可以战胜的。

喜欢NBA的朋友，恐怕没有一个人不认识蒂尼·博格斯。他的身高只有160厘米，即便是在亚洲人的眼里也只是一个"矮子"，更不要说是连两米的身高都算矮的NBA赛场了。然而，这位据说是NBA里最矮的球员，却是NBA里表现最为杰出、失误最少的后卫之一。不仅控球一流、远投精准，甚至面对大个带球上篮也毫无畏惧，为自己赢得了"矮子强盗"的美誉。

博格斯当然不是天生的篮球好手，他之所以能取得今天的成就，靠的是信念和苦练。博格斯从小就长得比较矮小，但却又非常热爱篮球，几乎每天都要与同伴在篮球场上展开一番争斗。当时他最大的梦想就是有朝一日能去打NBA，因为NBA球员不仅待遇高，而且还享有比较风光的社会地位，是所有爱打篮球的美国少年最向往的梦想之赛。每次博格斯告诉自己的同伴长大后要打NBA时，几乎所有人都会忍不住哈哈大笑，因为他们认定一个身高只有160厘米的矮子，是绝无可能打NBA的。

同伴的嘲笑并没有动摇博格斯的信念。为了实现自己的理想和信念，他用比一般人多几倍的时间去练球，并最终成为全能的篮球运动员，成为NBA的最佳控球后卫，成为有名的篮球明星！

理想和信念是人们的精神支柱，是人生路上的一盏明灯。如果一个人对成功的信念不够坚定，那么他就会在充满困难和阻碍的现实面前缩手缩脚，很难到达成功的彼岸。所以，我们应该拥有坚定的信念，我们应该相信自己总有一天会走向成功。只要我们每天都在为了目标的实现而坚持不懈地努力奋斗，这种坚定的信念就可以帮助我们克服重重困难，跨过种种阻碍，促使我们付出积极努力的行动，直到获得成功。

信念是一种动力，它增添生活的勇气，点燃生命的希望；信念是一种价值，它体现生命的意义，创造人生的未来；信念是一种执着，是走向成功的意志，是不屈不挠的贵族精神。

给生活一个希望，人生就不会失色

人生不能没有希望，所有的人都是生活在希望当中的，有希望的人生才能一路充满温暖的阳光。假如真的有人是生活在无望的人生当中，那么他只能是人生的失败者。

"希望"是人生的力量，在心里一直抱着"美梦"的人是幸福的。也可以说抱有"希望"活下去，是只有人才被赋予的特权，只有人才由其自身产生出面向未来的希望之"光"，才能创造自己的人生。

任何时候人都要有希望，因为只有有了希望，生命才会有活力。人的一生中，往往会遇到很多的挫折与不幸，我们会有无助与失落的时候，我们也会感觉到绝望。此时，唯有重新燃起希望的火苗，让自己有足够的勇气与信念活下去，才会成就人生的辉煌。

有位医生素以医术高明享誉医学界，事业蒸蒸日上。但不幸的是，某一天他被诊断患有癌症。这对他来说是当头一棒，他也因此一度情绪低落。最终他不但接受了这个事实，而且他的心态也为之一变，变得更宽容、更谦和、更懂得珍惜所拥有的一切。在勤奋工作之余，他从没有放弃与病魔搏斗。就这样，他已平安度过了好几个年头。有人惊讶于他的事迹，就问他是什么神奇的力量在支撑着他。

这位医生笑盈盈地答道："是希望。几乎每天早晨，我都给自己一个希望，希望我能多救治一位病人，希望我的笑容能温暖每个人。"

希望是生活的灯塔，指引人永远前进。西班牙小说家松苏内吉·伊·洛雷多曾说过："我唯一不能缺少的东西就是希望。"当拥有了希望，无论在怎样的黑暗之中也会看到光明，无论怎样的痛苦也会感到快乐。在漫漫的人生道路上，拥有希望就像无边的大海中的灯塔，指引着我们前进。

一生不可不读的哈佛情商课

人的一生不可能总是一帆风顺。历数古今，无数成功人士在成功的道路上都会遇到各种各样的挫折。但是，成功的希望总能给他们以巨大的力量。相反，有许多曾经胸怀大志的人却最终一事无成，其中一个重要原因是在困难面前他们失去了希望。

有这样一个在困境中燃起生命和希望之火的故事。

一天早上，欧文与几个建筑工人，爬上一幢小房子的屋顶工作。那天天气极其闷热，而他们所做的工作又异常棘手。欧文当时正在一个木架上工作，主管叫他递过一件工具。欧文伸手去取的时候，忽然，一根木条因不能承托他的重量而折断了，他踩了个空。

这一跌非同小可，因为他180斤重的庞大身躯是头先着地的。欧文后来回忆说："我的头先坠地，跟着身躯下压，使我的前额像扭扭棒一样扭曲地顶住我的胸膛。在那一刻，双脚已没有知觉了。

"当别人把我的头放在枕头上，我才开始感觉到痛，那痛楚越来越厉害，我只好叫他们把枕头移走。我觉得头颅与身躯好像只有一根线连着。每次我把头稍作移动，痛楚就会加剧。我以为那根线快要断了，头颅也要与身体分家了。我挣扎着保持清醒。

"不久，救援队到了，他们要把担架放在我的身躯下，我非常害怕，因为我的痛楚已非常难耐了。不过，医生不断地安慰我，同时以利落的专业手法移动我，使我的痛苦不致大大增加。

"在医院里，脑科专家把我移上X光台，然后把我的头移到照X光的最佳位置。我以前虽然也经历过痛苦，但那一次的经历毕生难忘。不久。X光报告出来了，医生证实我的椎骨在第五和第六节之间折断了。

"那一夜，我半睡半醒，反复回忆当天所发生的事。

"就在这既痛苦又迷糊的时候，我记起罗斯福总统的话：'我们需要害怕的就是害怕本身。'

"第二天当我醒来后。头部两旁的支架提醒了我身在何方。不久我发觉，我愈减少活动，痛苦就会愈少。我觉得胸口以下像木乃伊一样。这种感觉非常恐怖，因为这意味着我的知觉已完全失去了。"

以后数周，一切测试都证明欧文已终身残疾，但他仍抱有希望。他希望会有奇迹发生，他的脊梁骨会愈合，为大脑传递信息。

因此，他全心全意去找寻复原之道，想知道怎样做才可以使自己复原。他并没有向人问及自己的情况，因为他从两个护士的对话中，已知道四肢瘫痪了。欧文从未见过四肢瘫痪的人，但此刻他知道自己头颈以下的身躯已不能再动了！

这位年轻的丈夫和父亲要面对的是无比艰辛的日子了，但没有人比他更坚强。

他说："我要活下去，我要凭着渴望、意志活下去。我要激发求生的意志，并要撑下去。我要去医治，我要发挥自己的潜能，我要专心培养这些信念，而决心必会使我成功。我永不放弃！"

八年后，欧文几乎需要以轮椅代步，但他仍说他的生命是美好的。

他说："我不会让自责、埋怨和憎恨占有任何位置，我深信憎恨只会带来破坏。我要带着爱去生活，虽然我的身躯伤残，但我的心仍保存着功能。我现在认识到那些真正伤残的人，是那些只以外表完美作为美的标准的人。

"有时在超级市场坐着电动轮椅在货架中穿行时，小朋友会瞪大好奇的眼睛望着我，但我只要向他们笑笑或眨一下眼就可以应付了。有一次，一个小朋友还对我说：'哇，你真勇敢啊！'"

欧文今天所做的，并不局限于和小朋友打招呼，他有自己的生意。他为酒店安排专业的保姆服务，还在"新希望"电话辅导中心当义务咨询员。

欧文找到了新希望，因此，他的事迹可以为在困境中的人灌注新的希望了。

人只要生活着，就应该对生活怀抱希望。鲁迅曾经说过："希望是附丽于存在的，有存在，便有希望，有希望，便是光明。"希望是激励我们前进的巨大的无形动力。只要我们满怀希望，我们就能走出困境，重新看到光明。时刻对未来怀有希望，并为之锲而不舍地奋斗，才是具有最高信念的人，才会成为人生的胜利者。

学会正面的思考，不要负面的大脑

每个人在一生中都会遇到大大小小的起伏与不顺，但是只要我们能往好的方面去想，也就不会那么难过了。例如，下雨天想到天晴，冬天想到春天，孤独时想到朋友，碰到吃亏想到走运，山穷水尽时想到柳暗花明之日……

凡事往好处想，内心便充满阳光。这种乐观积极向上的心态，会激发我们的生命力，永远拥有成功的信心和希望。即便是身处绝境的情况下，也能以豁达开朗的心胸面对未来。

　　美国加利福尼亚州有位刚毕业的大学生，在2003年的冬季大征兵中他依法被征，即将到最艰苦也是最危险的海军陆战队去服役。这位年轻人自从获悉自己被海军陆战队选中的消息后，便显得忧心忡忡。在加利福尼亚州大学任教的祖父见到孙子一副魂不守舍的模样，便开导他说："孩子，这没什么好担心的。到了海军陆战队，你将有两个机会，一个是留在内勤部门，一个是分配到外勤部门。如果你分配到了内勤部门，就完全用不着去担惊受怕了。"年轻人问爷爷："那要是我被分配到了外勤部门呢？"爷爷说："那同样会有两个机会，一个是留在美国本土，另一个是分配到国外的军事基地。如果你被分配在美国本土，那又有什么好担心的呢。"年轻人问："那么，若是被分配到了国外的基地呢？"爷爷说："那也还有两个机会，一是被分配到和平而友善的国家，另一个是被分配到维和地区。如果你被分配到和平友善的国家，那也是件值得庆幸的好事。"年轻人问："爷爷，那要是我不幸被分配到维和地区呢？"爷爷说："那同样还有两个机会，一个是安全归来，另一个是不幸负伤。如果你能够安全归来，那担心岂不多余。"年轻人问："那要是不幸负伤了呢？"爷爷说："你同样拥有两个机会，一个是依然能够保全性命，另一个是完全救治无效。如果尚能保全性命，还担心它干什么呢？"年轻人再问："那要是完全救治无效怎么办？"爷爷说："还是有两个机会，一个是作为敢于冲锋陷阵的国家英雄而死，一个是唯唯诺诺躲在后面却不幸遇难。你当然会选择前者，既然会成为英雄，又有什么好担心的。"

人生充满了选择，而生活的态度就是一切。你用什么样的态度对待你的人生，生活就会以什么样的态度来对待你。你消极悲观，生命便会暗淡；你积极向上，生活就会给你许多快乐。生活中很多情况就是如此，只要转变一下思考方式，改变了看问题的心态，结果就会大大的不同。

生活中，有很多烦恼和痛苦是很容易解决的，有些事只要你肯换角度、换个心态，你会有另外一番光景。所以，当我们遇到苦难挫折时，不妨把暂时的困难当作黎明前的黑暗。只要以积极的心态去观察、去思考，就会发现，事实远没有想象的那样糟糕。换个角度去观察，世界会更美。

"凡事往好处想"并不是解决一切问题的灵丹妙药，却是一种健康积极的人生哲学。有了它，也许问题本身不会减少，但问题的解决却找到了正确的方向。所以，我们应该培养乐观的人生态度。凡事往好处想，事情自然会向好处发展。凡事都往好处想，就会以平静的心情享受生活，就可以准确找到生活的角度，展示生命的风采。

乌云的背后是阳光，阳光的背后是彩虹

在现实生活中，我们每个人都会遇上这样或那样的困难、挫折、悲伤、疾病以及死亡等，然而，只要我们能够正确面对，只要我们能用积极乐观的心态去对待，所有的一切都只能是暂时的。

巴尔扎克有一句名言："不幸，是天才的晋身之阶，信徒的洗礼之水，能人的无价之宝，弱者的无底深渊。"人的一生中，难免会遇到各种各样的困难。但只要我们学会面对生活中的不幸，就能够创造属于自己的奇迹。

一个叫迈克的年轻人在遭受失业、父母意外身亡等一连串打击后，对生活失去了热情，终日借酒浇愁。

一天，在一家小酒馆里，迈克遇到了一位心理学家。了解了迈克的情况后，心理学家对他说："我有句话要送给你，它会对你的生活有一定的帮助，而且是驱除烦恼的良方。这句话就是：风雨只是暂时的。"

清醒后的迈克用了三天时间来领悟这句话所蕴含的智慧。于是，他把这句话写下来，贴在家里的墙壁上。他决定今后再也不会让挫折和失望来破坏自己平和的心情。

后来，迈克果真遇到了考验。他不可救药地爱上了房东的女儿。迈克确信她是自己今生唯一的伴侣，没有她，自己肯定活不下去。但是，房东的女儿却拒绝了迈克的玫瑰花，并婉转地告诉他，自己已有了未婚夫。迈克以她为中心构想的世界，当时就土崩瓦解了。那几天，迈克觉得墙上贴着的"风雨只是暂时的"非常好笑，他觉得得不到房东女儿的爱，他的生命将不会再有晴天，只有永不停止的风雨。

一个星期后，迈克再看到这句话时，他开始冷静地分析自己的情况：那女孩到底有多重要？那女孩很重要，自己也很重要，快乐也很重要，但自己希望和一个不爱自己的人结婚吗？答案当然是否定的。

一个月后，迈克发现没有房东的女儿，自己也一样可以生活，甚至感觉到一个人生活心情也能放松。将来肯定有另一个人进入自己的生活，即使没有，迈克也仍然觉得每一天都是好日子。

三年后，另一个女孩走进了迈克的生活。在兴奋地筹备婚礼的时候，迈克把那句话从墙上撕下，扔进了垃圾桶中。他认为自己以后将永远快乐，人生旅途中不会再有失败和挫折。

的确，结婚的最初几年，他们过得很快乐。迈克有了一份理想的工作，妻子为他生了一对可爱的双胞胎女儿，他们还有一定数额的存款。迈克觉得日子过得惬意极了。

有一次，在征得妻子的同意后，迈克把所有的存款都投进了股市。但是，就在他买了股票后不久，股市连连下跌。迈克由于没有任何投资经验，被股市牢牢套住了，家里所有的开支仅靠他的薪水。换言之，他们的生活水平又降到了仅能维持温饱的状态。

迈克的心里非常难受，他又想起那句话：风雨只是暂时的！迈克心想："上帝，这一次可真的不是暂时了，而是永远，我的生活怎样才能得以维持下去呢？"

一天，就在迈克沉浸在悲伤之中时，那对双胞胎女儿"咿呀咿呀"学语的声音吸引了他的注意力。两个女儿坐在地毯上，都朝他张开双手，她们脸上的笑容是那么令人动容。这一刻，迈克觉得自己的心受到了强烈的冲击。他想："我有如此可爱的女儿，有善良的妻子，这已是上苍赐给我的无价之宝了。我在股市上损失的只是金钱，一切都会好起来的，不幸只是暂时的。"

迈克的心情又恢复了平和，他再也没有为金钱的损失而烦恼了，而日子也真如他所期待的那样，又一天天地好了起来。

　　生活中许多事情并不尽如人意，我们常常抱怨担忧，但生活不可能百分百的完美，幸福快乐与否，在很多时候，取决于你对事情的思维角度和方式。换个角度看问题，人生也许就会变得轻松许多。不管遇到多大的困难，我们都应该保持乐观向上的精神。要相信，生活是美好的，困难和不幸只是暂时的。只要咬紧牙关，就没有战胜不了的困难。人生不是因为享受而幸福，而是因为奋斗而幸福。有了这样的心态，就不会在困难面前唉声叹气，而是笑容满面；就不会在挫折面前手足无措，而是积极面对；就不会在不幸面前一蹶不振，而是勇往直前。

第五章
精神富足，才是真正的内心强大

与书为伴——天下才子必读书

阅读是人类进步的最好途径。在哈佛大学，最吸引人的是100座图书馆，尤其是一个个像图书馆那样的人，或者说，一个人就是一座图书馆。哈佛大学的餐厅，很难听到说话的声音，每个学生端着比萨可乐坐下后，往往边吃边看书或是边做笔记。没见过哪个学生光吃不读书的，更没见过哪个学生边吃边闲聊的。感觉哈佛大学的餐厅不过是一个可以吃东西的图书馆，是哈佛大学正宗100个图书馆之外的另类图书馆。哈佛大学的医院，同样宁静，同样不管有多少在候诊的人也无一人说话，无一人不在阅读或记录。医院仍是图书馆的延伸。这些足以说明哈佛大学的学生对阅读的痴迷与热爱。

阅读是一种改变精神品质的生活，对一个人一生的发展非常重要，它不仅使人知识广博，更重要的是它能陶冶人的情操，使人的精神内涵更加丰富。正如莎士比亚所说："生活中没有书籍，就像没有阳光；智慧中没有书籍，就像鸟儿没有翅膀。"

阅读是获得知识的主要渠道，80%的知识是通过阅读获取的，所以，培养阅读的习惯很重要。阅读是一种终身教育的好方法。

众所周知，古今中外有很大一部分成功人士并不一定能受到良好的教育，因为他们都生于贫苦的家庭。他们之所以能成功，除了有一个远大的志向、坚强的性格和家庭的影响外，往往得益于某种启迪。这种启迪就是读书。

书籍是人类知识的载体，它记录了人类千百年来的每一点进步。通过阅读不同的书籍，掌握各个时期、种类的知识，这就是读书的真理。一个没有书籍、杂志、报纸的家庭，是缺乏动力的，人们只有通过经常接触书本，才能对学习产生兴趣，才能在不知不觉中增长各种各样的知识，而不与社会脱节。

读书是知识积累的最好方法，书是人的精神食粮，是一个想成功的人必不可少之物。许多成功人士在回顾自己的成长道路时，也常常将人生一些最真诚、最辉煌的瞬间与一本或几本好书联结在一起。一本好书能够给予一个人最初的人生启蒙甚至终生的影响，这有多么神奇！ 广泛阅读各种书籍，无疑是我们体察人性、认识自身，追求辉煌的一条捷径。

博学的富兰克林，是美国18世纪伟大的政治家和科学家。有一次，有人问他："您那渊博的知识是怎么来的？""靠自学。"富兰克林不假思索地说，"读书是我的唯一娱乐。"富兰克林只上过两年小学，十岁就辍学了，走上了勤奋自学的道路。他每天都坚持看书一两个小时，用以弥补早年辍学造成的损失。正是由于各种各样的书籍，给富兰克林增加了智慧和力量，指引着他登上科学的高峰。

在当今信息时代，知识的更新频率越来越快，阅读是人了解社会的重要方式，也是人认识社会和自然界的重要方式。阅读好书就像跟历代名贤圣哲促膝长谈，他们高尚的节操会对我们产生潜移默化地影响，所以大量阅读是完善自我的必由之路。一个好读者能够感觉到读书时妙不可言的乐趣，因而他喜欢读书，最终即使不能成为伟大的人，也能成为博学的人。

威廉·奥斯罗爵士是当代最伟大的内科医生之一，当今很多显赫有名的医生都曾是他的门生。几乎目前所有行医的医生都是他的医科教科书培养出来的。

人们认为，他的杰出成就不单单是由于他有着渊博的医学知识和深刻的洞察力，还因为他具有丰富的一般知识。他是一位很有文化素养的人，他对人类历代的成就和思想成果很感兴趣。他很清楚要了解人类最杰出成就的唯一方法是读前人写下的东西，但是，奥斯罗有着一般人都有的困难，而且困难要更大。他不仅是工作繁忙的内科医生，在医学院任教，同时还是医学研究专家。除了吃饭、睡觉、上厕所的几个小时以外，他一天二十四小时中所有其他时间都理所当然地被上述三项工作占去了。

奥斯罗很早就想出了解决这个问题的办法。他把每天睡觉前十五分钟用来读书。如果就寝时间定为晚上十一点，他就从十一点读到十一点十五分。如果研究工作进行到深夜两点，那么，他就从两点读到两点十五分。他一旦规定这么做，在整个一生中就再不破例。有证据说明，在一段时间之后，他如果不读上十五分钟书就简直无法入睡。

在奥斯罗的一生中，他读了数量相当可观的书籍。半个世纪，每日阅读十五分钟，算算看，这总共是多少本书。试想，在一个人一生中，可能培养多么广泛的兴趣，可能涉及多么丰富的学科。除医学专业以外，奥斯罗涉猎范围十分广泛。由于他养成了每天阅读十五分钟的习惯，他得以在专业之外，发展了他的业余专长。

由此可以看出，每天抽出一点时间来读书，将为你今后的工作、生活带来精神上的极大丰收。

书籍蕴含着千百年来人类的智慧与理性。它能在黑暗的日子里鼓励你，使你大胆地走入一个别开生面的境界，使你适应这种境界的需要。所以，古人云："天下才子必读书。"书籍是从浩瀚的人类文明中逐渐积淀下来的瑰宝，如果我们想要使自己的思想更丰富，必须从这里吸取养料。

不断学习，永不自满自足

哈佛大学的前校长萨默斯，从上任到离任一直不停地强调哈佛大学不要自满自足，必须锐意改革，否则就要落伍。哈佛大学的老师也经常给学生这样的告诫：如果你想在进入社会后，在任何时候任何场合下都能得心应手并且得到应有的评价，那么你在哈佛大学的学习期间，就没有晒太阳的时间。在哈佛大学中广为流传的一句格言是"忙完秋收忙秋种，学习，学习，再学习"。

学习是人们获得知识和经验的唯一途径，它是一种信念，也是一种可贵的品质。随着人类文明的发展，知识也需要不断地更新。只有不断学习，才能自己跟上社会的发展。德国诗人歌德说过："人不光是靠他生来就拥有的一切，还应靠他从学习中所得到的一切来造就自己。"学习是自我完善的过程，也是我们在现代社会中立于不败之地的秘诀。

在人的一生中，要有所成就，就必须不断学习并且把学习贯穿于自己的一生。

这是哈佛大学期终考试的最后一天。在教学楼的台阶上，一群工程学高年级的学生挤在一团，正在讨论几分钟后就要开始的考试，他们的脸上充满了自信。这是他们参加毕业典礼和工作之前的最后一次测验了。

一些人在谈论他们现在已经找到的工作，另一些人则谈论他们将会得到的工作。带着经过四年的大学学习所获得的自信，他们感觉自己已经准备好了，并且能够驰骋商场。

他们知道，这场即将到来的测验将会很快结束，因为教授说过，他们可以带他们想带的任何书或笔记。要求只有一个，就是他们不能在测验的时候交头接耳。

他们兴高采烈地冲进教室，教授把试卷分发下去。当学生们注意到只有五道评论类型的问题时，脸上的笑容更加生动了。

三个小时过去了，教授开始收试卷。学生们看起来不再自信了，他们的脸上是一种恐惧的表情，没有一个人说话。教授手里拿着试卷，面对着整个班级。

他俯视着眼前那一张张焦急的面孔，然后问道："完成五道题目的有多少人？"没有一只手举起来。"完成四道题的有多少？"仍然没有人举手。"三道题？"学生们开始有些不安，在座位上扭来扭去。"那一道题呢？"然而整个教室仍然很沉默。

"这正是我期望得到的结果。"教授说，"我只想给你们留下一个深刻的印象，即使你们已经完成了四年的工程学习，关于这项科目仍然有很多的东西你们还不知道。这些你们不能回答的问题是与每天的普通生活实践相联系的。"然后他微笑着补充道："你们都会通过这个课程，但是记住——即使你们现在已是大学毕业生了，你们的学习仍然还只是刚刚开始。"

这个故事告诉我们：知无涯，学无境。学习是没有终点的。在现实生活中，无论是在哪个年龄阶段，在哪种环境里，人们都应继续学习，人生是不会毕业的。

不断地学习是成功必备的重要条件。因为，只有不断地学习，才能不断地进步，只有不断地进步，才能一步步接近成功。

学习是一生一世的事，只有终身学习，不断学习，才能成为真正的强者，更好地实现自身的价值。正如古罗马的辛尼加所说："学习并不在于学校，而在于人生。"这就说明了每个人在成功的道路上，是一刻也离不开学习的。

学习是无止境的，一个成功者的学习方式，就像一块海绵一样去吸收知识，将工作、生活当作学习的课堂，每天都带着强烈的学习欲望和动机，同时还要不断地自我积累、思考、归纳、总结和提升。只有这样，你才会用新的角度去思考，才能领会真正意义上的学习。

当今是知识经济时代，知识是现代社会的灵魂。学习是增强自身素质、个人成长进步的基础和重要途径。我们要始终保持一种学习的状态，要充分认识到自己的不足，要有危机感，要有不学习就恐慌的感觉。学习，学习，再学习；提高，提高，再提高；实践，实践，再实践，应该成为每个人的一种觉悟，一种修养，一种境界，一种责任，一种追求更高素质的永不满足的升华过程。

提高艺术修养，增强个人"软实力"

在人的素质中，艺术修养不可或缺。艺术不像语言和知识那样，需要经过翻译和说教才能为人们接受和感悟，它直接影响人的情绪、精神和生命状态。一个人有了良好的艺术素养，那他就会用美的视角去关注周围的事物，使自己的人生变得有意义，同时也会更加有见识地去发现生活中的"艺术"，更加深入地关注社会，关注我们生活的环境。

艺术是人类审美的理想之光，是人的灵魂折射和情感的流露。从古至今每一位卓有成就的人必然具备很好的艺术素养。艺术素养的不断提升是社会文化发展的必然趋势，也是当代人精神生活的必然需求。有人这样说过："任何人都离不开艺术。没有艺术的思维和艺术的修养，就会变得面目丑陋。"与此类似，英国作家罗斯金也曾说："人的思想是可塑的。一个人如果每天观赏一幅好画，阅读某部佳作中的一页，聆听一支妙曲，就会变成一个有文化修养的人——一个新人。"这些都充分说明了艺术修养对人发展的重要作用。

有一位中国学者去美国旅游，在途中认识了一个名叫布莱尔的学生，他在哈佛大学读书。在聊天中，两人谈到了音乐。这位中国学者发现，布莱尔对古典音乐非常熟悉，甚至对音乐创作和流传过程中的趣闻逸事也了如指掌。当谈到历史、文学、地理或哲学方面的问题时，他俨然像资深教授，让人很难相信他是一位二十岁左右的大学生。

良好的艺术修养是一个人素质的重要体现，凡是有人格魅力的人，艺术的修养是必不可少的。在西方思想深化的模式中，艺术修养已经成为优秀人物的必不可少的能力。一个有较高艺术修养的人，能够主动地、充分地使其感性、情感和理智得到协调共处，使其心理结构的各个方面得到较好的发展。

艺术修养是提升一个人内涵的最有效的方法之一。根据词典里的解释，艺术修养本意是指一个人的艺术知识和技能状况的水平，集中体现在思想、知识、情感等多个方面。也就是说，艺术修养所赋予人的宝贵财富已然不仅仅局限在艺术的表现上，而将涵盖着情感、品质、审美、是非观念等多个方面。不是所有的人都必须成为艺术家，而提高艺术修养则是人的必修课。未来社会需要的是复合型人才，一专多能的，要求每个人都要有一点艺术修养。自身有了艺术修养，才会生活得有品位、有质量，而不单单是物质生活的档次问题，而是审美眼光、价值取向和生活内容。

一个人经济上的富有，只代表物质上的，如果精神空虚，无以寄托，一样找不到真正的快乐。当一个人具有一定的艺术修养后，他会更多地注重精神层面的东西，这也将使他更热爱生活，获得更多的幸福感。因此，在个人成长中，加强艺术修养也必不可少。

第一，要树立正确的世界观。世界观同人们的整个精神世界——心理状态、道德观、艺术趣味、审美能力等紧密地联系在一起，如果没有正确的观念做指导，欣赏者就不可能领会艺术作品的艺术美，也不可能接受艺术作品所表达的思想倾向。

第二，要提高鉴赏能力，正确引导自身的审美趣味，还需要向那些具有某种专长的人在欣赏方面以指导、帮助。往往专家的意见可以影响，甚至改变自身的兴趣和观点。对艺术作品进行具体的分析、讲解，有助于人们加深对作品的认识、理解和感受。

第三，要培养自己的审美趣味，扩大自己的欣赏视野，从而提高艺术修养水平。要想欣赏音乐，需要有会听音乐的耳朵；要想判别形态的美，就需要有锐利敏感的眼睛；要想接触古今中外一切优秀的文艺作品，就需要阅读他们、欣赏他们，借以锻炼自己的形象思维能力。只有这样，才能提高审美趣味，加强审美感受，从而有益于身心健康。

总之，要培养和提高一个人的艺术修养，不是一朝一夕的事情。不仅要认识艺术，还要体会到艺术美给人带来的享受。学会欣赏艺术、欣赏美非常重要，因为学会了欣赏艺术，才有可能进行艺术创造活动，才能使一个人的艺术修养得到深层次的提高。

勇于探索，不断创新

人类之所以能够有今天这样便捷的生活，能够在灾难面前采取有效的防护，摆脱荒蛮时代快速进入高度文明的社会生活，没有科学的研究是不敢想象的。

科学的本质是创新，科学精神就是创新精神。从这个意义上来说，创新精神是智慧、常识、学识及创造力的体现，是对新事物的不断追求。

一生不可不读的哈佛情商课

在哈佛大学，教师们重视学生的自由学习及创新能力的培养。所谓创新能力，就是运用知识和理论，在科学、艺术、技术和各种实践活动领域中不断提供具有经济价值、社会价值、生态价值的新思想、新理论、新方法和新发明的能力。

创新是人类不断前进的推动力。世上每一次伟大的成功，都是先从创新开始的。创新就像哈佛大学的一位教授所说的那样："你只要离开人们常走的大道，潜入森林，你就可能会发现前所未有的东西。"

一个成功的人士是否具有"见别人之未见，行别人之未行"的创新精神，与其事业的成败休戚相关。

法国著名美容品制造商伊夫·洛列就是一个善于创新的人。

起初，伊夫·洛列对花卉抱有极大的兴趣，经营着一家自己的花店。一个偶然的机会，他从一位医生那里得到了一个专治痔疮的特效药膏秘方，这使他产生了浓厚的兴趣。于是，他想：如果能把花的香味融入这种药膏中，使其芬芳扑鼻，应该会很受欢迎。

于是，凭着浓厚的兴趣和对花卉的充分了解，伊夫·洛列经过昼夜奋战研制成了一种香味独特的植物香脂。他兴奋地带着自己的产品挨家挨户地去推销，得到了意想不到的结果，几百瓶试用品几天的工夫就卖得一干二净。

由此，伊夫·洛列又想到了利用花卉和植物来制造化妆品。他认为，利用花卉原有的香味来制造化妆品，能给人带来清新的感觉，而且原材料来源广泛，所能变换的香型也很多，市场前景一定很广阔。

他开始游说美容品制造商实施他的计划，但在当时人们对于利用植物来制造化妆品是持否定态度的。洛列并没有因此而放弃，他坚信自己这个新颖的想法一定能成功。于是，他向银行贷款，建起了自己的工厂。

1960年，洛列的第一批花卉美容霜研制成功，开始小批量投入生产，结果在市场上引起了巨大的轰动。在极短的时间内，70万瓶美容霜销售一空，这对于洛列来说，无疑是巨大的鼓舞。

为了促进销售，他还别出心裁地在广告中附上邮购优惠单，相信这样一定会引起更多人的注意。他在《这儿是巴黎》杂志刊登了一则广告，并附上邮购优惠单。《这儿是巴黎》发行量较大，结果其中40%以上的邮购优惠单都被寄了回来。伊夫·洛列又成功了，这种独特的邮购方式使他的美容品源源不断地卖了出去。

如果说洛列采用植物制造美容品是一种大胆的尝试的话，那么采取邮购的营销方式则是他的一种创举。

1969年，洛列扩建了自己的工厂，并且在巴黎的奥斯曼大街上设了一家专卖店，开始大量地生产和销售化妆品。如今他在全世界的分店已近千家，产品被世界各地的人们所使用。

从以上事例我们可以看到，伊大·洛列利用花卉来制造美容霜，称得上别出心裁，独辟蹊径，而且他还采用了一种当时闻所未闻的创新邮购方式，这又为他节省了许多宝贵的资源。这些打破常规的创新做法使伊夫·洛列的事业取得了巨大的成功。

人类失去想象，世界将会怎样

想象力是人类独有的才能，是人类智慧的生命线。在创造发明和探索新知识的过程中，想象力是一切希望和灵感的源泉。它不仅引导我们发现新的事实，而且激发我们做出新的努力，使我们预言未来，看到可能产生的后果。

美国的莱特兄弟是人类历史上第一架飞机的设计师，他们为开创现代航空事业做出了不巧的贡献。这源于两兄弟非凡的想象力。

哥哥威尔伯·莱特和弟弟奥维尔·莱特作为德荷混血移民的后代，出生在美国的某个小镇。年幼时，这对兄弟就已经显出对机械设计、维修的特殊能力。他们善于思考，富于幻想，每当他们闲暇时，兄弟俩要么讨论某一个机械的结构，要么就去看工匠们修理机器。他们手艺精巧，还经常做出好些有创新意义的小玩具，例如，会自由转弯的雪橇等。

一天，出差回来的父亲给莱特兄弟带来一件礼物：一个会飞的蝴蝶。父亲轻轻地给玩具上了上劲，小东西便在空中飞舞起来。小兄弟俩高兴得不得了，但是他们觉得它飞得不够远，于是仿造玩具的样子又做了几个更大一些的。这些仿制品有的能够飞越树梢，有的飞了几十米远，但兄弟俩的一个尺寸很大的仿制品却遭到了失败。但这没有让他们难过，反而激起了兄弟俩制造飞机的念头。

1894年，莱特兄弟在代顿市开了一家自行车铺。由于他们俩工作认真，手艺好，再加上价格公道，店铺的生意兴隆。富于创新精神的莱特兄弟当然不会满足于这些，他们不愿终生与这些自行车零件打交道，于是，他们决定开始去实现童年时的梦想。

莱特兄弟造飞机的想法得到了斯密森学会的赞赏。副会长写了一封热情洋溢的信件，并寄来了好多参考书籍。兄弟俩大受鼓舞，一有时间，他们就钻入书堆内如饥似渴地饱读着航空基本知识。很快，他们有了造飞机的能力。

1900年10月，他们的第一架滑翔机试飞了，但是，试飞的结果不尽如人意，飞机只能勉强升空而且很不稳定，问题出在哪儿呢？经过认真的分析才知道，原来他们所沿用的前人数据有理论上的错误。于是，他们制造了一个风洞，以便通过实验修正数据，设计飞机。

这个风洞仅仅是一个6尺（1尺≈0.33米）长，每边12寸（1寸≈3.33厘米）宽的木箱，箱子的一端，鼓风机以一定的速度向里吹气。与现代的高速风洞相比，它真是简陋至极。然而就是这个小小的辅助工具却帮了兄弟俩大忙，他们通过它得出了许多新的结论。根据它，兄弟俩设计出的第三架滑翔机获得了成功，无论是在强风还是微风的情况下，它都可以安全而平稳地飞行。

滑翔机的留空时间毕竟有限，但假如给飞机加装动力并带上足够的燃料，那么它就可以自由地飞翔、起降。于是，兄弟俩又开始了动力飞机的研制。

莱特兄弟废寝忘食地工作着，不久，他们便设计出一种性能优良的发动机和高效率的螺旋桨，然后成功地把各个部件组装成了世界上

一生不可不读的哈佛情商课

第一架动力飞机。

想象在人力社会发展进程中起了至关重要的作用，它直接推动了人类的进步。想象是创造活动的基础和先导，是激励创造活动、产生科学的假说的源泉。没有想象，就没有科学的假说，没有科学的假说，也就没有科学的发现和发展。

想象是人类的独创。插上想象的翅膀，人类社会就变得更加美好。人类离不开想象，想象是开发潜能的重要手段、技巧和方法。想象力是启动人成功机制的第一把钥匙。一些人的成功，不是始于实践，而是始于想象，始于他成功的心理愿景，始于通过运用心理愿景来启动人的成功机制。

想象是意识的加工厂，它可以把一个人的意识能量转变为财富和成就，而一切财富和成就都是想象力的产物，都始于一种与众不同的新奇想法，有意识地培养和训练你的创造性的想象力，是获得巨大成功的奥秘。

在人的智力活动中，想象占有十分重要的地位。俄国教育家乌申斯基说："强烈的活跃的想象是伟大智慧不可缺少的属性。"想象力是一种创造性的能力，拥有丰富想象力的人能够创造出更多的新鲜事物。想象是创造力的萌芽，没有想象，就没有我们这个美丽的世界。

明智，源于独立思考

独立思考，就是积极主动地思考，具有新颖性、创新性的特点。它不依赖于或不盲从于他人的思想，而是在自主地、创造性地认识世界和改造世界的活动中提出独到的见解。

独立思考是哈佛大学的第一教育原则。哈佛大学的教授在选择学生的时候并不以学生毕业于什么学校和考试成绩论英雄，而是更看重学生独立思考和解决问题的能力。

哈佛大学的学生一入校就会一遍又一遍地听到这样的话："你们到这里，不是来发财的。你们到这里来，为的是思考并学会思考！"

于是，经常有刚入学的新生问自己的导师："教授，独立思考到底是指什么呢？"

教授们通常会说："所谓独立思考，是指思维的主体——也就是你们，在进行思考时，不拘泥于过去的经验，不迷信权威，不屈从压力，不去扭曲思维和实践的规则，而只坚持实事求是，遵循真理。"

在哈佛大学的课堂上，老教授拿出一个苹果摆在讲台上，说："请大家闻一闻空气的味道。"一名学生迅速地举起手回答："我闻到了苹果的香味。"老教授走下讲台，举着苹果慢慢地从每一个学生面前走过，并叮嘱说："请大家再仔细地闻闻，空气中到底有没有苹果的味道？"这时已有半数的学生举起了手，老教授走上了讲台，把刚才的问题又重复了一遍。这一次，除了一名学生没有举手外，其余的都举起了手。老教授走到了这名学生面前说："你难道真的没有闻到苹果的芳香？"那个学生肯定地回答："我什么也没有闻到！"于是老教授宣布："他是对的，因为这是一只假苹果，根本就没有味道。"

　　这个故事告诉我们，凡事要独立思考，不要人云亦云，因为别人的言论而影响自己，更不要随波逐流。

　　思考是一个人能力的体现。一个人如果具备了独立思考的能力，就会深入地了解自己，知道自己想要什么，知道自己的兴趣所在，知道外界环境对自己的利弊，知道根据事情的轻重缓急做出决定；一个人有了独立思考的能力，也就有了创造的潜质，因为他有自己的见解、自己的主张，对事物有自己的看法，所以更容易做出独创性的东西来。

　　人的思考能力是自己唯一能完全控制的东西，没有正确的思考，就不会有正确的行动。那些成大事者都养成了勤于思考的习惯，善于发现问题、解决问题，不让问题成为人生的难题。可以说，任何一个有意义的构想和计划都是出自思考，思考可以支撑起人生。

　　独立思考是自我研究、自我解决问题的一个重要途径。如果你拥有独立思考的能力，你的视角会比别人宽广，思维也会更加缜密，将比其他人有更多的机遇，更容易拥有成功的生活和事业。

　　独立思考对人的一生有着重大影响。爱因斯坦说过，独立思考能力是人的内在自由。头脑是自由的，你就不会盲从别人。贵族精神留给我们最大的财富，就是坚持独立人格和独立思考。

敢于质疑，向权威发起挑战

有人群的地方总会有权威，人们对权威普遍怀有尊崇之情，本来无可厚非，然而对权威的尊崇到了不假思索的程度，就会成为一种思维的枷锁——权威枷锁。

我们在生活中大都有这样的经历：当我们经过长时间的思考得到了一个新的想法，于是我们把这个想法告诉了一个权威人士，然而他却说："不对，你的想法不对。"这时我们往往还半信半疑，当我们去请教第二个权威人士，第二个权威人士还是说"你错了，这个想法不行"时，我们往往就会彻底地放弃这个想法了。我们会想："连权威人士都不赞同我，看来确实是我的想法有问题。"

一般情况下，人们有一种倾向权威的思想，认为权威所说的话就是真理，就是不可更改的。而且，人类有史以来就有权威，权威是任何时代、任何社会都实际存在的现象。人们对权威普遍怀有崇敬之情，然而，我们却应该认识到，权威人士也是人，是人就有弱点和不足之处，我们决不能对权威过于迷信，而应该在事实的基础上判断权威的观点。

每一种事物都有两面性，权威为我们节省了无数的时间和精力。我们不必再从头研究几何学，只需要学一学阿基米德的理论就行了；我们不必去看云识天气，只要听一听天气预报就可以了。然而，我们如果总是被权威牵着鼻子走，就会失去独立思考的能力。这样一旦失去了权威，我们常常会感到手足无措。

著名哲学家查拉图斯特拉决心独自远行时，在分手的时刻，他对自己的弟子和崇拜者们说："你们忠心地追随着我，数十年如一日，我的学说你们都已经烂熟于胸、出口成章了。但是，你们为什么不扯碎我头上的花冠呢？为什么不以追随我为羞耻呢？为什么不骂我是个骗子呢？只有当你们扯碎我的花冠、以我为羞耻并且骂我是骗子的时候，你们才真正地掌握了我的学说！"

仅仅凭这一段精彩的论述，我们就应该对查拉图斯特拉肃然起敬，对他的人格表示敬仰。因为虽然他自己就是权威，却勇于教导弟子要打破权威，敢于向权威挑战。

古今中外历史上各种新学术、新观点，常常都是从推翻权威开始的。伽利略不相信亚里士多德的权威，后者认为，自由下落的物体，重量越大则下落速度越快，重量越轻则下落速度越慢。伽利略设计了一个巧妙的逻辑推论，便把流传1000多年的亚里士多德的结论给推翻了。

现年75岁的安德鲁教授是研究人类学的专家，可以说是这一领域的权威，他的所有理论几乎都被奉为圭臬，即便只是看一看他的弟子，你就知道他有多么专业、多么权威了。有一次他谈起了自己在哈佛大学的一个经历，那一次他应邀去哈佛大学演讲，谈论人类进化之谜，当时安德鲁教授估计人类很可能会在几百万年内消失，或者是进化出另一种形态。

台下的学生听得都很入迷，但是有一个学生突然站起来说："尊敬的教授先生，我觉得人类有自己的进化方式，所以我觉得您的猜测很可能不成立。"

安德鲁教授推了推眼镜，笑着反问说："你这是在质疑我吗？你在质疑一个教授？你知道我是谁吗？"

学生恭敬地回答说："是的，先生，我知道您是一位德高望重的人，但现在，在这里，在这个问题上，毫无疑问，您的理论是不完全能站住脚跟的。因为随着科技的发展，我相信人类的进化可能会被技术所改变，所以您所说的消亡或者大变异，我觉得不一定会出现。"

安德鲁会心地笑了："你所说的不一定正确，但是我很欣赏你敢于质疑的态度。好吧，现在咱们谁也说服不了对方，还是等到几百万年后再来评判吧！"

安德鲁事后回忆说，这是他那么多年以来，第一次听到反对和质疑的声音，他说这很难得，因为一旦当所有人都认为你的想法是正确的，你就很可能会犯错，至少你没有办法更进一步去完善自己的想法了。

我们不敢说安德鲁先生在哈佛大学折了面子，但是哈佛大学的学术气氛还是让他刮目相看的，尤其是那些质疑的声音，完全给各种辩论和理论注入了新的活力。

从成功思维的角度来看，权威定式是要不得，不敢突破权威的束缚，也就丧失了创新思考的能力。敢于推翻权威，本身就是一种胆识、一种创新。

在生活中，我们都应该坚持怀疑的态度，不要盲目追随权威和经典。古人说得好："尽信书则不如无书。"没有规矩不成方圆，但一味地死板教条只会造成思想僵化。一个不会创新的人，就没办法跟上社会的潮流；一个没有创新的社会，就不可能追得上历史的脚步，最终被历史抛弃。

世界上的一切事物都是运动、变化、发展的，经典和权威都具有一定的时代性，只能称作旧的经验。发展的实质是"扬弃"，取其精华，去其糟粕。只有学会将旧的经验中过时的或者本来就是错的事物剔除，才能辨别出这个时代的真理。真理与谬误，有时只有一步之差，只有坚持不懈地追求，才能时刻与真理保持近距离。这样，社会才能发展，国家才能繁荣昌盛。

如果你一味地迷信权威，奉劝你把它从你的思想中拉出去，一棍子打死，省得它占据你的思想。敢于向权威挑战，我们才有可能成为真正的权威。

让思考成为一种习惯

思考是人生最大财富。学会思考，就能找到人生新的起点；学会思考，成功就会向你走来。在苹果落地的一瞬间，正是生动的思考使得牛顿获得了顿悟，概括出万有引力定律。"发明大王"爱迪生认为："不下决心培养思考的人，便失去了生活中最大的乐趣。"正因为把思考作为人生的最大乐趣，才使得爱迪生一生中产生了近2000项发明创造，成为人类世界的骄傲。

有一位哈佛大学的物理学教授睡到半夜醒来，发现自己的实验室里依然灯火通明。他来到实验室，看到自己的一名学生正在实验台前忙碌着。

教授关心地问道："怎么这么晚还没休息？你现在做实验，白天都做些什么了呢？"

学生回答："我白天也在做实验啊。"

教授稍微停顿了一下，说："勤奋固然很好，但令我好奇的是，你把所有的时间都花在做实验上，用什么时间来思考呢？"

这位自以为好学不倦的哈佛学生，用了所有的心力在实验上，却忽略了思考才是学习的根本，实验的目的只是帮助思考而已，结果本末倒置。

思考，可以使各种知识信息相互碰撞，产生智慧的火花，达到创新的目的。只有拥有了思考的能力，我们才能成为学习的主导者和创造者。

遗憾的是，很多时候，人们宁可让岁月湮没在仿佛很有价值的忙碌之中，却极不情愿拿出时间进行思考，以致思维总是在低水平的层次上徘徊，最终一无所获。

我们所有的计划、目标的想法，都是思考的产物。我们的思考能力，是我们唯一能完全控制的东西。我们可以任意地运用它，使它显示出一定的力量。

1987年，铱星公司的工程师们一觉醒来，就提出了一个近似于梦幻的伟大计划：用66颗低轨卫星组成覆盖全球的通信网。不得不说这个想法很具有挑战性，但是有脑子的人都知道这需要花费大笔的钱，所以成本会很高，那么消费者是否愿意掏一大笔钱来抓住那66颗卫星呢？

遗憾的是没人去想这样的问题，偌大的一个公司中，所有人都被这项伟大计划的光环吸引住了，没人愿意认真分析计划是否可行，没有人冷静地思考自己可能面临的困难和风险。结果在一片叫好声中，公司没头没脑地投入了50亿美元，但事实上顾客并不愿意为高成本的服务付费，最后铱星公司因为高成本的负债而宣布破产。

哈佛大学的克莱斯教授在向学生们分析这个案例时，用的是一个极具讽刺性的总结：铱星公司用手放卫星，而不是用脑子。这当然是不符合哈佛精神的，在哈佛人眼中，不动脑子的行为都是荒唐的，当然，颇具讽刺意味的是，这位教授先生在讲完这节课后，他的一个学生就犯了类似的错误。

来自加利福尼亚的学生埃里克在化学实验课上临时想到了一个新的试验方法，当然为了尽快展示自己的成果，这位同学自作主张，当场就进行实验，结果差点儿没把实验室给炸飞了。这是克莱斯教授无法容忍的，不是因为错误，而是因为态度，他觉得一个人如果不经过考虑和分析，就盲目去做，那么实际上就是一种对自己不负责任的态度。所以在课后，他冲进教室，非常生气地告诫学生："永远不要将脑子放在微波炉上。"

在哈佛大学中，学生们被灌输的一种想法就是"思考是一种效率"，无论做什么事，都不能够太过草率，而要事先花一点儿时间进行思考和分析，这样会让你的工作更加轻松，所承担的风险也会更小。思考实际上代表了效率、安全、稳定，而这些都是行动中最为倚重的东西。

思考有多远，路就有多远，善于思考可以避免工作的盲目性。哈佛有句谚语"一天的思考，胜过一周的蛮干"，说的也是这个道理。善于思考的人，用大脑做事，而不只是用双手做事。在生活中，我们要善于观察、学习、思考和总结，仅仅靠一味地苦干奋斗，埋头拉车而不抬头看路，结果常常是原地踏步。所以，一个用心做事的人，在生活或学习中一定要懂得思考、坚持思考，无论大事小事都要想一想，让思考成为一种习惯。

第六章

完善自己，人生必将卓越

志存高远，为理想而奋斗

理想是人生奋斗的目标，是民族前进的精神动力，它给人生以方向，给生命以豪情，它能够鼓舞斗志，助人成功。

理想，是人们在实践中形成的具有实现可能性的对未来的向往和追求，是人们的政治立场和世界观在奋斗目标上的集中体现。不同的阶级、不同的时代，人们的理想各不相同；同一阶级、同一时代人的理想也不尽相同。理想是人类精神生活的产物。理想作为一种社会意识，是人们对客观现实发展趋势的超前反映，即人们在认识客观规律基础上给自己构成的未来美好蓝图。因此，理想不是人们主观的臆造，不是空想或幻想，而是经过努力可能实现的符合科学的目标。

人生是一个在实践中奋斗的过程。要使生命富有意义，就必须在有意义的奋斗目标的指引下，沿着正确的人生道路前进。理想信念对人生历程起着导向的作用，是人的思想和行为的定向器。理想信念一旦确立，就可以使人方向明确、精神振奋，不论前进的道路如何曲折、人生的境遇如何复杂，都可以使人透过乌云和阴霾，看到未来的希望和曙光，永不迷失前进的方向。

1960年，有学者对哈佛大学1520名学生做了学习动机的调查，有

一生不可不读的哈佛情商课

一个题目：你到哈佛大学商学院上学是为了赚钱，还是为了理想？结果有1245个人选择了"为了赚钱"，占到了81.9%，有275人选择了"为了理想"。有意思的是，20年之后，人们对于这1520名学生做了跟踪调查，结果让人大吃一惊：受调查的1520名学生中有101名成了百万富翁，而其中100名当时选择的是"为了理想"。

理想不仅是奋斗的方向，更是一种对自己的鞭策。有了目标，才会有热情、有积极性、有使命感和成就感，才能最大限度地发挥自己的优势，调动沉睡在心中的那些优异、独特的品质，造就自己璀璨的人生。古往今来，凡是有作为的人，无不重视理想的作用，他们在青少年时期就确立了远大的意志方向。

古希腊唯心主义哲学家苏格拉底曾说过："世界上最快乐的事莫过于为理想而奋斗。"人生在世，总归须有追求、有理想，否则便像无头苍蝇，不知如何努力，不知未来的道路在哪里。因此，唯有懂得树立理想的人，才会最终叩开成功之门。唯有拥有理想的人，才不会终日浑浑噩噩、碌碌无为。

理想的力量是无法估量的，它不仅仅是一个目标，也是一个希望，更是一种动力。伟人之所以伟大，是因为他们有远大的理想，他们为了自己的理想付出了超出凡人的代价，历经无数的坎坷却毫不退却。他们身上有着永不熄灭的灯：为理想而奋斗。这并不是一个伟人的信念，而是千千万万有巨大成就的人士的信念。

强者与弱者之间其实就是理想和信念的差别，一切强者都是为了自己的理想而奋起，一切弱者都是因为失去了生活的目标而沉沦。在理想的道路上，每一个人都会经历不同的风雨，我们不应该害怕理想道路上的风雨而畏缩，要勇敢地去面对理想去追求理想，只要自己有这个能力就不要轻易放弃自己的理想，如此才能找到理想对人生的意义。

理想是人生的精神支柱，是人区别于动物的重要标志。如果一些人仅从自然的生理需要出发，沉湎于物质享受，饱食终日，无所用心，那就把人降低到了一般动物的水平。可见，人是要有点精神的。人如果有崇高的理想作为自己的精神支柱，就不会被生活中的一些消极现象所迷惑，就不会被前进中的一些暂时的困难、挫折所压倒；就能始终以坚定的信念、高昂的热情和旺盛的斗志奋勇向前；就能在道德发展的阶梯上不断攀登，成为一个道德高尚、人格完美的人。

克己自制，拥有自控力

什么叫克己自制？用美国作家马克·吐温的一句话来解释就是："关键在于每天去做 点自己心里并不愿意做的事情，这样，你便不会为那些真正需要你完成的义务而感到痛苦，这就是养成自觉习惯的黄金定律。"简单来说，也就是一个人为执行某种目的或任务而控制自己的情绪、约束自己的言行的能力。它是一种可贵的意志品质，是一个人在事业上取得成就的重要条件。

哈佛大学心理学教授丹尼尔·戈尔曼认为，自制力是情商管理的一种能力，对人的一生有着重要影响。但丁曾经说过："测量一个人的力量的大小，应看他的自制力如何。"生活中，人们会碰到许多诱惑，自制力弱的人往往不知不觉陷入其中；而自制力强的人能控制自己做出有利于自己和符合社会需要的行动。古今中外成大事者，无不拥有自制的品格。

有个时期，美国石油大亨保罗·盖蒂的香烟抽得很凶，有一天，他度假开车经过法国，那天正好下着大雨，地面特别泥泞，开了好几个钟头的车子之后，他在一个小城里的旅馆过夜。吃过晚饭后，他回到自己的房里，很快便入睡了。

盖蒂清晨两点钟醒来，想抽一支烟，打开灯，他自然地伸手去找他睡前放在桌上的那包烟，发现是空的。他下了床，搜寻衣服口袋，结果毫无所获。他又搜索他的行李，希望在其中一个箱子里能发现他无意中留下的一包烟，结果他又失望了。他知道旅馆的酒吧和餐厅早就关门了，心想，这时候要把不耐烦的门房叫过来，结果太不堪设想了。他唯一能得到香烟的办法就是穿上衣服，走到火车站，但它至少在六条街之外。

情景看起来并不乐观，外面仍下着雨，他的汽车停在离旅馆尚有一段距离的车房里。而且，别人提醒过他，车房是在午夜关门，第二天早上六点才开门。这时能够叫到计程车的机会也将等于零。

显然，如果他真的这样迫切地要抽一支烟，他只有在雨中走到车站，但是要抽烟的欲望又不断地侵蚀着他，并且越来越浓厚。于是他脱下睡衣，开始穿上外衣。他衣服都穿好了，伸手去拿雨衣，这时他突然停住了，开始大笑，笑他自己。他突然体会到，他的行为多么不合逻辑，甚至荒谬。

盖蒂站在那儿寻思，一个所谓的知识分子，一个所谓的商人，一个自认为有足够的理智对别人下命令的人，竟要在三更半夜，离开舒适的旅馆，冒着大雨走过好几条街，仅仅是为了得到一支烟。

盖蒂生平第一次认识到这个问题，他已经养成了一个不可自拔的习惯。他愿意牺牲极大的舒适，去满足这个习惯。这个习惯显然没有好处，他突然明确地注意到这一点，头脑便很快清醒过来，片刻就做出了决定。

他下定决心，把那个依然放在桌上的烟盒揉成一团，扔进废纸篓里。然后他脱下衣服，再度穿上睡衣回到床上。带着一种解脱，甚至是胜利的感觉，他关上灯，闭上眼，听着打在门窗上的雨点。几分钟之后，他进入一个深沉、满足的睡眠中。自从那天晚上克制住自己抽烟的欲望后，盖蒂再也没抽过一支烟，也没有抽烟的欲望了。

从此以后，保罗·盖蒂再也没有抽过香烟。后来，他的事业也越做越大，成为世界顶尖的富豪之一。

从这个故事可以看出，自制力强的人能够控制、支配自己的行动，并能自觉地调节自己的行为。

高尔基曾说："哪怕是对自己的一点小的克制，也会使人变得强而有力。"一个人要主宰自己，就必须对自己有所约束、有所克制。因为毫无节制的活动，无论属于什么性质，最后必将一败涂地。无论做任何事情，自制都至关重要。自我节制、自我约束是一种控制能力，尤其能控制人们的性格和欲望，一旦失控，随心所欲，结局必将一败涂地，不可收拾。

总之，自制是一个成功者的基本素质。没有自制力的人，是无法取得成功的，因为自制力是取得成功的基石。不管是对普通人还是对王公贵族都是一样的，没有了自制力，也就不能控制自己的言行，也就谈不上成功了。

善用时间就是善用自己的生命

在哈佛图书馆墙壁上有这样一条训言："我荒废的今日，正是昨日殒身之人祈求的明日。"这句话实际上揭示了一种人生哲学，那就是人生要以珍惜的态度把握时间，从今天开始，从现在做起。珍惜眼前的每一分每一秒，也就珍惜了所拥有的今天。

获得哈佛大学荣誉学位的发明家、科学家本杰明·富兰克林，有一次接到一个年轻人的求教电话，并与他约好了见面的时间和地点。当年轻人如约而至时，本杰明的房门大敞着，而眼前的房子里却乱七八糟、一片狼藉，年轻人很是意外。

没等他开口，本杰明就招呼道："你看我这房间，太不整洁了，请你在门外等候一分钟，我收拾一下，你再进来吧。"然后本杰明就轻轻地关上了房门。

不到一分钟的时间，本杰明就又打开了房门，热情地把年轻人让进客厅。这时，年轻人的眼前展现出另一番景象——房间内的一切已变得井然有序，而且有两杯倒好的红酒，在淡淡的香气里漾着微波。

年轻人在诧异中，还没有把满腹的有关人生和事业的疑难问题向本杰明讲出来，本杰明就非常客气地说道："干杯！你可以走了。"

手持酒杯的年轻人一下子愣住了，带着一丝尴尬和遗憾说："我还没向您请教呢……"

"这些……难道还不够吗？"本杰明一边微笑一边扫视着自己的房间说，"你进来又有一分钟了。"

"一分钟……"年轻人若有所思地说，"我懂了，您让我明白用一分钟的时间可以做许多事情，可以改变许多事情的深刻道理。"

意识到时间的重要性，人生的方向也就会豁然开朗。一个人如果不能有效利用时间，那就会被时间俘虏，成为时间的弱者。而一旦在时间面前成为弱者，他将永远是一个弱者，因为放弃时间的人，同样也会被时间放弃。

有人说："在时间的王国里，没有财富的贵族，没有智慧的王者，就算天才也不会因此比别人多拥有一个小时。"时间是最公平的，不论贫富贵贱，每个人每天所拥有的时间都是一样多；时间又是最不公平的，每个人每天取得的成就绝不会一样多。那是因为每个人在时间观念上的认识不同所致。

一个人来到世间，最大的财富是什么？说到底就是他的生命，而生命又是以时间来计算的，因此，从个人角度看，一个人拥有最大的财富就是自己的时间。

时间的价值正如金钱的价值，体现在人们的价值观上。每个人对待时间的观念不同，价值也就不同。如果你珍惜时间，它就是一块金子；如果你不珍惜时间，它便是一块废铁。

在富兰克林报社前面的商店里，一位犹豫了将近一个小时的男人终于开口问店员了："这本书多少钱？"

"一美元。"店员回答。

"一美元？"这人又问，"你能不能少要点？"

"它的价格就是一美元。"没有别的回答。

顾客又看了一会儿，然后问："富兰克林先生在吗？"

"在，"店员回答，"他在印刷室忙着呢。"

"那好，我要见见他。"这个人坚持一定要见富兰克林。于是，富兰克林就被叫了出来。

这人问："富兰克林先生，这本书你能出的最低价格是多少？"

"一美元二十五分。"富兰克林不假思索地回答。

"一美元二十五分？你的店员刚才还说一美元一本呢！"

"这没错，"富兰克林说，"但是，我情愿倒给你一美元也不愿意离开我的工作。"

这位顾客惊异了。他心想，算了，结束这场自己引起的谈判吧，他说："好，这样，你说这本书最少要多少钱吧。"

"一美元五十分。"

"又变成一美元五十分？你刚才不是还说一美元二十五分吗？"

"对。"富兰克林冷冷地说，"我现在能出的最好价钱就是一美元五十分。"

这人默默地把钱放到柜台上，拿起书出去了。这位著名的物理学家和政治家给他上了终生难忘的一课：对于有志者，时间就是金钱。

一个人的生命是有限的，如何珍惜时间、有效地利用人的短暂的一生，去成就更辉煌的事业，这是有志之士认真思考对待的人生课题。

富兰克林曾经说过："你热爱生命吗？那么你就别浪费时间，因为时间是组成生命的材料。"人的生命是有限的，我们不能绝对地延长寿命，但通过时间管理，却可以相对地将生命延长。

浪费时间就是浪费生命，就让我们一起行动起来吧，用好每一分每一秒，把有限的生命投入无限的工作之中。提高工作的效率，提高生活的质量，让生命的价值在有限的时间里尽量发挥，这样就等于增加了生存的"密度"，扩充了有限生命的内涵，我们的生命也因此变得更有价值，我们的生活也会更有意义！

反省自己，完善自己

自省即自我反省，它是一个人得以认识自己、分析自己，并有效提高自己的最佳途径。法国牧师纳德·兰塞姆去世后，安葬在圣保罗大教堂，墓碑上工工整整地刻着他的手迹："假如时光可以倒流，世界上将有一半的人可以成为伟人。"一位哈佛学者在解读兰塞姆手迹时说："如果每个人都能把反省提前几十年，便有50%的人可能让自己成为一名了不起的人。"他们的话，道出了反省之于人生的意义。自省，是对自己的行为思想做深刻检查和思考、修正人生道路的一种方法，这也是贵族精神的核心内容之一。

一般来说，能够时时反省自己的人，是非常了解自己的人。他们会时时考虑："我到底有多少力量？我能干些什么事？我的缺点在哪里？我有没有做错什么？……"这样一来，他们便能够轻而易举地找出自己的优点和缺点，为以后的行动打下基础。

善于自我反省的人，生活中处处都是提高自我的机会。古今中外许多伟人和上帝，就是通过反省来战胜自己内在的敌人，打扫自己思想灵魂深处的污垢尘埃，减轻精神痛苦，从而净化自己的精神境界。

美国资产阶级政治家富兰克林有一个习惯，每天晚上都把一天的情形重新回想一遍。他发现他有13个很严重的错误，下面是其中的三项：浪费时间，为小事烦恼，和别人争论冲突。聪明的富兰克林发现，除非他能够减少这一类的错误，否则不可能有什么成就。所以他一个礼拜选出一项缺点来搏斗，然后把每一天的输赢做成记录。在下个礼拜，他另外挑出一个坏习惯，准备齐全，再接下去做另一场战斗。

富兰克林每个礼拜改掉一个坏习惯的战斗持续了两年多，这也难怪他能够成为美国历史上最受人敬爱、最具影响力的人物之一。

美国思想家爱默生曾说："人类唯一的责任就是对自己真实，自省不仅不会使他孤立，反而会带领他进入一个伟大的领域。"自省是自我动机与行为的审视与反思，用以清理和克服自身缺陷，以达到心理上的健康完善，它是自我净化心灵的手段，也是贵族精神的优良品质之一。具备自我反省能力的人，能够正确地认识自己的优缺点，自尊、自律有计划地规划自己的人生。遇到困难和挫折时，能够及时调整自己的情绪，积极进取，渡过一次次难关，一步步走向成功。

金无足赤，人无完人。人活在世上，谁都难免有这样或那样的缺点和错误，谁都难免有丑陋的一面。就连爱因斯坦都宣称，他的错误占90%，那么普通人身上的错误就更不用说了。所以，每个人都要经常跳出自身反省自己，一再地检视自己，这样才能真正地完善自我。对于任何人来说，都是如此。

古人云："以铜为镜，可以正衣冠；以古为镜，可以知兴替；以人为镜，可以明得失。" 反省是人生重要的功能，它是一种自我检查的活动，还是一种学习能力，是认识错误、改正错误的前提。

自我反省是认识自我、发展自我、完善自我和实现自我价值的最佳方法。我们不妨在每天结束时，好好问问自己下面的问题："今天我到底学到些什么？我有什么样的改进？我是否对所做的一切感到满意？"如果我们每天都能改进自己的能力并且过得很快乐，必然能获得意想不到的丰富人生。真诚地面对这些提出的问题就是反省，其目的就是让我们不断地突破自我的局限，省察自己，开创成功的人生。

克服猜疑心理，学会相互信任

所谓"猜疑"，就是无中生有地起疑心。它像一片阴暗的沼泽地，使人越陷越深，甚至失去理智。猜疑会增加思想压力，打破心理平衡，使人陷入惴惴不安之中，天长日久可以导致心理崩溃。

俗语说："疑心生暗鬼。"如果你用怀疑的眼光去看一件事情，必然会发现很多疑虑，认为这件事或这个人有问题。最后必定会钻进牛角尖去，你的行为不是为了把事情弄清楚，而是忙于证实你的怀疑是正确的，但这种怀疑往往却是错觉。

有一对孪生兄弟，从小感情特别好。这对孪生兄弟长大后，就在父亲经营的店里做事，直到父亲去世，他们两兄弟就共同接手并经营这家店。

生活一直都很平静，直到有一天店里丢失了一美元后，他们的关系开始发生了变化。有一次，哥哥急着外出办事，把刚刚赚到的一美元放在商店就出去了，留下弟弟照看商店。当哥哥回来的时候，却发现这一美元没有了，就问弟弟看到这钱没有。弟弟回答："没有。"哥哥说："钱是不会自己跑走的，我认为你一定看到那一美元了。"语气里带有强烈的猜疑味道。从此，兄弟的手足之情出现了严重的隔阂，后来严重到分家的地步，兄弟俩用砖墙把商店一分为二，各做各的生意。直到20年以后的一天，一个当年的流浪汉来到这里，向他们忏悔了从店里拿走一美元的往事，才使兄弟俩冰释前嫌，在商店门口相拥而泣。

20年的隔阂，20年的痛苦！就在一瞬间得到化解。亲兄弟反目成仇竟源于对一美元的猜疑。

从心理学上讲，猜疑是由不信任而产生的一种怀疑心理，十分有害。猜疑是一个可怕的心理误区，因为猜疑会破坏人与人之间最宝贵的东西——信任，引起对方的反感和抵触，这就暗藏着彼此关系破裂的危险。

培根曾说过："猜疑之心犹如蝙蝠，它总是在黄昏中起飞。这种心情是迷惑人的，又是乱人心智的。它能使你陷入迷惘、混淆敌友，从而破坏你的事业。"自古以来不知有多少人因为猜疑疏远了朋友，中断了友谊，甚至毁掉了事业。

猜疑是人际关系的文化腐蚀剂，它可以使所有幸福的东西毁于一旦。一个人一旦掉进猜疑的陷阱，必定处处神经过敏，事事捕风捉影，对他人失去信任，对自己也同样心生疑窦，损害正常的人际关系。因此，在生活和工作中，我们要减少猜疑，学会信任别人。少一份猜疑，多一份信任，你就会多一份幸福。

适应环境——强者生存，弱者不适

达尔文曾经说过："不要期待环境为你而变，而要争取尽快地改变自己来适应环境。"任何人都不可能离开环境而生存，在无法改变环境时，只有改变自己，努力去适应环境。在任何年代，适者都是一个在生存选择、计划、行动时，不因循守旧，而善于随机应变的英雄。

哈佛大学里有一位著名的经济学教授，凡是他教过的学生，很少有顺利拿到学分毕业的。原因出在，这位教授平时不苟言笑，教学古板，分派作业既多且难，学生们不是选择逃学，就是打混摸鱼，宁可拿不到学分，也不愿多听教授讲一句。但这位教授可是美国首屈一指的经济学专家，国内几位有名的财经人才，都是他的得意门生。谁若是想在经济学这个领域内闯出一点儿名堂，首先得过了他这一关才行！

一生不可不读的**哈佛情商课**

一天，教授身边紧跟着一名学生，两人有说有笑，惊煞了旁人。后来，就有人问那名学生说："为什么天天围着那古板的老教授转？"那名学生回答："你们听过穆罕默德唤山的故事吗？穆罕默德向群众宣称，他可以叫山移至他的面前来，等呼唤了三次之后，山仍然屹立不动，丝毫没有向他靠近半寸。然后，穆罕默德又说，山既然不过来，那我自己走过去好了！教授就好比是那座山，而我就好比是穆罕默德，既然教授不能顺从我想要的学习方式，只好我去适应教授的授课理念。反正，我的目的是学好经济学，是要入宝山取宝，宝山不过来，我当然是自己过去喽！"

后来，这名学生果然出类拔萃，毕业后没几年，就成为金融界了不起的人物，而他的同学，都还停留在原地"唤山"呢！

人不可能一直生活在自己意愿的环境中，当生存的环境变得越来越艰难时，我们要懂得改变自己去适应它。如果环境不利于我们，我们还要强行让外界适应我们的话，就可能会花费巨大的代价，而且还不一定能取得成功。所以说，与其试图让改变环境适应自己，不如改变自己去适应环境。

科学技术的飞速发展，让现代社会的竞争变得日益激烈，如果我们想在竞争中生存下来，就要学会适应周围的环境，养成良好的适应性，找到适合自己的生存法门。只有这样，才能更好地在这个社会生存。

哈佛商学院教授罗莎贝斯·莫斯·坎特尔曾说："事业有成的人善于变化，擅长将自己和同伴调整到某个新方向，从而取得更大的成功。"一个人要想营造成功幸福的人生，就一定要有适应环境变化以及新环境的能力。生活中，我们每个人都会遭遇恶劣的环境，既然我们没有办法改变，何不试着去适应呢？这是一个适者生存的时代，只有学会适应社会环境，个人才能生存和发展。要知道，一个人不可能总是生活在同一个环境中，即使是生活在同一个环境中，环境也会时常发生变化。如果不会适应环境的变化或者适应不了新环境，则只能被淘汰或归于失败。

总之，适应环境既是一种时代的需求，也是一种艺术。我们只有与现实环境保持良好的接触，以客观的态度面对现实，随时调整自己，保持良好的适应状态，才会求得最大的快乐和幸福。

切除忌妒这粒毒瘤

羡慕忌妒恨是一种有害无益的心理情绪，也是近年来的网络流行语，它刻画了忌妒的生长轨迹：始于羡慕终于恨。对一个人来说，被人忌妒等于领受了忌妒者最真诚的恭维，是一种精神上的优越和快感。而忌妒别人，则或多或少透露出自己的自卑、懊恼、羞愧和不甘。忌恨优者、能者和强者，既反映自己人格的卑污，也不会有任何好结果。

生活中，如果一个人产生了忌妒情绪，那么他就从此生活在阴暗的角落里，不能在阳光下光明磊落地说和做，而是面对别人的成功或优势咬牙切齿，恨得心痛。一个人有了这种不健康的情绪，就等于给自己的心灵播下了失败的种子。

《科学蒙难集》中记载有这样一件事。

举世闻名的大化学家戴维发现了法拉第的才能，于是将这位铁匠之子、小书店的装订工招到皇家学院做他的助手。法拉第进入皇家学院之后进步很快，接连搞出多项重要发明，就连戴维失败的领域他也取得了成功。

然而，当法拉第的成绩超过戴维之后，戴维心中不可遏制地燃起了忌妒之火。他不仅一直不改变法拉第实验助手的地位，还诬陷他剽窃别人的研究成果，极力阻拦他进入皇家学会。这大大影响了法拉第创造才能的发挥。

直到戴维去世，法拉第才开始其真正伟大的创造。

戴维本应享受伯乐的美誉，却因忌妒心理阻碍了法拉第迅速成长，不仅给科学发展带来了损失，也使自己背上了阻碍科学发展、使科学蒙难的恶名，留下了令人遗憾的人生败笔。

忌妒是一种束缚手脚、阻碍事业发展与创新、影响工作的情绪。其特征是害怕别人超过自己，忌恨他人优于自己，将别人的优越处看作对自己的威胁。于是，便借助贬低、诽谤他人等手段，来摆脱心中的恐惧和忌恨，以求心理安慰。同时也会使人变得消沉，或是充满仇恨。如果一个人心中变得消沉或是充满仇恨，那么他距离成功也就越来越远了。

有一对夫妇，两个人都是非常著名的作家。他们年轻的时候就是因为对于文学的共同爱好而相互爱慕的，后来更是因为对相互才华的肯定而结合在一起。应该说他们是幸福的，但就在男作家61岁的时候，却残忍地杀死了他的爱人。

原来，在他们认识当初，男作家的名气就已经很大，而女作家还只是文坛的新秀。但渐渐地，女作家居然后来居上，其写作的才华和名气都超越了她的丈夫，这让男作家无论如何也接受不了。他忌妒的烈火已经无法扑灭，他开始抽烟、酗酒、打骂自己的妻子。

女作家因为无法忍受丈夫的忌妒和打骂，很长一段时间都是在朋友家里寄宿。这样的日子就一直持续着，直到有一天，女作家和男作家的新书同时出版，女作家的书卖得很好，刚一出炉就创下了几十万册的好成绩，而男作家的书却只卖出了几千册。男作家再也无法忍受这个和他朝夕相处的女人，更容忍不了她比自己更出色。于是悲剧发生了，他将枪口残忍地对准了跟他生活了半辈子的爱人，之后，又绝望地把枪口对准了自己……

本来在外人眼中两个人是天作之合，不仅有共同的志趣，又同是一起生活互相帮助的伴侣，谁也想不到他们之间会发生这样的悲剧。而悲剧的源泉，却仅仅是因为男作家的忌妒。

忌妒是心灵的地狱。忌妒使人心中充满恶意、伤害。一个人有了这种不健康的情感，就等于给自己的心灵播下了失败的种子。

培根说："每一个埋头沉入自己事业的人，是没有工夫去忌妒别人的。"换言之，凡是产生忌妒心理和行为的人，是没有把心思"埋头沉入自己事业的人"。

忌妒产生的原因，大多是由于自知不足，比不上别人，这本身就是一个促其转变的好契机。"知耻近乎勇"，知道自己不足，努力加以弥补，这才是积极的态度。但如果人与人之间由于忌妒而你整我，我整你，冤冤相报，何时能了？而且，喜欢忌妒别人的人自己的日子也不好过。每天忌妒别人，自己心里也烦恼，总是觉得别人比自己高明，对此又不能平静，由忌妒转为想算计别人。

在生活中，当你发现你正隐隐地忌妒一个各方面都比自己能干的人的时候，你不妨反省一下自己是否在某些方面有所欠缺。在你得出明确的结论后，你会大受启示。你不妨就借忌妒心理的强烈超越意识去发奋努力，升华这种忌妒之情，以此建立强大的自意识来增强竞争的信心。这样，不但可以克服自己的忌妒心理，而且可使自己免受或少受忌妒的伤害，同时还可以取得事业上的成功，又可感受到生活的愉悦。

控制好自己的脾气

人们常说："冲动是魔鬼。"每个人都知道这样不好，可是每到那个时候，总是感觉控制不住自己，常常在情绪冲动时做出令自己后悔不已的事情来。

史蒂芬是英国奥尔德姆市的一名警察。一天晚上，他身着便装来到市中心的一间食杂店门前，他准备到店里买包香烟。这时，店门外一个流浪汉向他要烟抽。史蒂芬说他正要去买烟，流浪汉认为史蒂芬买了烟后会给他一支。

当史蒂芬从食杂店买完烟出来后，喝了不少酒的流浪汉再一次缠着他索要香烟。史蒂芬感到很反感，没有给他，于是两人发生了口角。随着互相谩骂和嘲讽的升级，两人情绪逐渐激动。史蒂芬掏出了警官证和手铐，说："如果你不放老实点，我就给你一些颜色看。"流浪汉反唇相讥："你这个浑蛋警察，你有什么了不起的，看你能把我怎么样？"在言语的刺激下，二人扭打成一团。旁边的人赶紧将两人分开，劝他们不要为一支香烟而发那么大火。

被劝开后的流浪汉骂骂咧咧地向附近一条小路走去，他边走边喊："自以为是的臭警察，有本事你来抓我呀！"此时，失去理智、愤怒不已的史蒂芬拔出枪，冲过去，朝流浪汉连开四枪，那个流浪汉倒在了血泊中……

法庭以"故意杀人罪"对史蒂芬做出判决，他将服刑30年。

一个人死了，一个人坐了牢，起因是一支香烟，罪魁祸首是失控的愤怒情绪。

冲动是最愚蠢的开始，总是以后悔的形式告终。正如富兰克林所说："愤怒起于愚昧，终于悔恨。"人在愤怒的时候，常会控制不住自己，而造成一生无法弥补的遗憾！

我们在与人相处时，不可能事事都一帆风顺，不可能要求每个人都对我们笑脸相迎。有时候，我们也会受到他人的误解，甚至嘲笑或轻蔑。这时，如果我们不能控制自己的情绪，就会造成人际关系的不和谐，对自己的生活和工作都将带来很大的影响。所以，当我们遇到意外的沟通情景时，就要学会控制自己的情绪，轻易发怒只会造成反效果。

在拿破仑·希尔事业生涯的初期，他曾受到愤怒情绪的困扰。

有一天晚上，拿破仑·希尔在办公室准备一篇演讲稿，当他刚刚在书桌前坐好时，电灯熄灭了。这种情形已连续发生了几次。

拿破仑·希尔立刻跳起来，奔向大楼地下室，去找大楼的管理员。当他到达时，发现管理员正在忙着把煤炭一铲一铲地送进锅炉里，同时一面吹着口哨，仿佛什么事情都没有发生。

拿破仑·希尔立刻对他破口大骂。他以比火更热辣辣的词来对管理员痛骂，直到他再也找不出更多的骂人的词句了，只好放慢了速度。这时候，管理员直起身体，转过头来，脸上露出微笑，并以一种充满镇静与自制的柔和声调说道："呀！你今天早上有点儿激动，不是吗？"管理员的话如同一把锐利的匕首刺进了拿破仑·希尔的身体。站在拿破仑面前的是一位文盲，但他却在这场"战斗"中打败了他！更何况这场"战斗"的场合以及武器，都是拿破仑自己挑选的。拿破仑·希尔的良心受到了谴责。他知道，他不仅被打败了，而且更糟糕的是，他是主动的，又是错误的一方，这一切只会更增加他的羞辱。

拿破仑·希尔转过身子，以最快的速度回到办公室。当他把这件事情反省了一遍之后，立即看出了自己的错误。经过一番思考后，他知道自己必须向那个人道歉。于是，他找到那位管理员并做了诚恳的道歉。最终，两个人的冲突解决了。

从这以后，拿破仑·希尔下定决心，以后绝不再失去自制。因为当一个人不能控制自己的情绪时，对方不管是谁，都能轻易地将自己打败。

面对社会中的不公平，人生道路上的不如意，可以采取的方式有很多，但是生气、愤怒可能是最不明智的一种方式。脑子被生气、愤怒填满了，就腾不出空间去分析问题产生的原因以及寻求解决问题的对策了。所以，我们要掌控自己的情绪，做情绪的主人，这样一来，不仅可以重新获得主导权，而且还能轻松驾驭各种难题。

正确认识你自己

很多人认为，没有人比自己更了解自己了，事实上并非如此。俗语说："旁观者清，当局者迷。"所以说，世界上最难的就是不能理性、客观地认识自己！

在古希腊帕尔索山上的一块石碑上，刻着这样一句箴言："你要认识你自己"，据说这是阿波罗神的神谕。卢梭对这一碑铭有极高的评价，他认为"比伦理学家们的一切巨著都更为重要、更为深奥"。显然，认识自己是至关重要的，而能正确地认识自己也同样是很不容易做到的，这需要人们理性地看待问题。

哈佛教授讲过这样一个寓言小故事。

从前，有一块铁，不知道金子长什么样子，自以为自己是一块金子。

有一天，这块铁遇到了一个铁匠，铁匠说："如果你愿意的话，我要把你打造成一把锋利的宝剑。"可铁却说："我是一块金子，为什么要把自己打成宝剑？"

"你只是一块铁，并不是金子。"铁匠摇摇头，遗憾地走了。在被告知金子另有他物后，铁便踏上寻金之路。

有一天，铁遇上了一块铜。铜浑身黄灿灿的，熠熠发光。铁高兴地说："你在发光，你一定是金子！"铜说："不，我不是，我是铜。金子比我光亮得多。"于是，铁很失落，又继续上路寻找金子。

在路上，铁又遇见一块银，闪闪发亮。铁激动地问："金子，你好啊！"银看看铁说："你认错了，我是银子，金子是黄灿灿的。"

铁很失望，继续向前走。终于，有一天，铁看见了金子，被金子的光晃得头晕目眩。铁说："你就是世界上最名贵的金子吧？"金子对铁说："我是金子，但还不是最名贵的，这个世界比我名贵的东西多的是。"

此时，铁很伤心，心想自己永远也不能成为一块金子了。金子对铁说："每个人都有每个人的作用，只有认识自己，才能发挥最大的潜力。正如锋利的宝剑永远也不会由金子做成，你还年轻还需要锻炼。"

听了金子的话，铁认清了自己的能力，找到了自己的价值所在。于是，铁便回家了。它找到那个铁匠，终于把自己炼成了一把锋利的宝剑。

一个人要追求成功，必须先认识自我。只有清楚地认识自己，才会明白自己需要什么，才会知道自己能做什么，才能把握自我，完善自我。

古人云："人贵有自知之明。"这是人们对自我认识的正确态度，是成功者的经验之一。认识自己能使人感到个人力量的渺小，冷静评价个人的能力，能够促使自己更好地把握个人的抉择，并有效地进行自我管理。

这样才能够给自己一个正确的定位，给自己设置正确可行的目标，让自己充分发挥潜能。

正确认识自己是人生能有所成就的首要条件。然而，生活中，不少人却缺乏理性，不能正确认识自己，他们把自己的能力估计过高，脱离现实，守着幻想度日，怨天尤人，怀才不遇，结果是小事不去做，大事做不来，终究是一事无成。

有一个自以为是的年轻人毕业后一直找不到理想的工作。他觉得自己怀才不遇，对社会感到非常失望。痛苦绝望之下，他来到大海边，打算就此结束自己的生命。

这时，有一个老人从这里走过。老人问他为什么要走绝路，他说自己不能得到别人和社会的承认，没有人欣赏并且重用他。

老人从脚下的沙滩上捡起一粒沙子，让年轻人看了看，然后就随便扔在地上，对年轻人说："请你把刚才我扔在地上的那粒沙子捡起来。"

"这根本不可能！"年轻人说。

老人没有说话，接着又从自己的口袋里掏出一颗晶莹剔透的珍珠，也是随便扔在了地上，然后对年轻人说："你能不能把这个珍珠捡起来呢？"

"这当然可以！"年轻人。

这时，老人意味深长地对年轻人说："有的时候，你必须知道你自己是一颗普通的沙粒，而不是价值连城的珍珠。若要使自己卓然出众，那你就要努力使自己成为一颗珍珠。"

在漫长的人生历程中，我们必须要理性地认识自己。只有理性地认识自我的价值，才能在人生旅途创造生命的辉煌，才能找到自己真正价值所在之处！

一个人只有理性地认识自己，才能充满自信，才能使人生的航船不迷失方向。一个人只有理性地认识自己，才能正确地确定一生的奋斗目标。所以，理性地认识自己，找准自己的方向，熟稔自己最擅长的音符，才会奏响人生的华彩乐章！

学会为别人鼓掌、叫好

一位成功人士说："为竞争对手叫好，并不代表自己就是弱者。为对手叫好，非但不会损伤自尊心，相反还会收获友谊与合作。"

为对手叫好是一种大度，你付出了赞美，得到的是感激；为对手叫好是一种智慧，因为你在欣赏他们的同时，也在不断地提升和完善自我；为对手叫好是一种修养，为对手叫好的过程，也是自己矫正自私与妒忌心理，从而培养大家风范的过程。

在一档世界职业拳王争霸赛中，参加比赛的是两个美国职业拳手，年长的叫卡非拉，年轻的叫巴雷拉。上半场两人打了六个回合，实力相当，难分胜负。

在下半场第七个回合中，巴雷拉接连击中老将卡非拉的头部，顿时，卡非拉鼻青脸肿。

短暂的休息时，巴雷拉真诚地向卡非拉致歉，他先用自己手中干净的毛巾一点一点擦去卡非拉脸上的血迹，后把矿泉水洒在卡非拉头上，一脸歉意，那神情仿佛受伤的是自己。

接下来两人继续交手。也许是年纪大了，也许是体力不支，卡非拉一次又一次地被巴雷拉击中后倒在地上。

按规则，裁判连喊10下，如果倒地的拳手起不来则对手胜利。卡非拉挣扎着起身，裁判开始报数："1、2……"可3还没出口，巴雷拉就一把将卡非拉拉了起来。

裁判很吃惊，这样的举动在拳场上很少见。

巴雷拉向裁判解释说："我犯规了，只是你没有看见，这局不算我赢。"卡非拉站起来后，他们微笑着击掌，继续交战。

最终，卡非拉以108∶110的成绩负于巴雷拉。观众潮水般涌向巴雷拉，向他献花、致敬、送礼物。

巴雷拉拨开人群径直走向被冷落的老将卡非拉，把鲜花送给了他。两人紧紧地抱在一起，相互亲吻被击中的部位，俨然是一对亲兄弟。卡非拉真诚地向巴雷拉祝贺，他握住巴雷拉的手高高举过头顶，向全场观众致敬。

卡非拉虽然败了，但败得很有风度；巴雷拉赢了，赢得很大度。从某种意义上说，两个人都赢了，他们相互为对方叫好，赢在人格。

为对手叫好，是一种谋略，能做到放低姿态为对手叫好的人，那他在做人做事上必定会成功。

为对手叫好，是从心底承认对手的实力；为对手叫好，是对自身缺陷的一次深刻反思；为对手叫好，彰显出了一种直面输赢的成熟与大气；为对手叫好，是一种历经千锤百炼才具有的昂扬姿态。

为对手叫好，就要舍得为他"付出"。对方陷入困境的时候，你要保持冷静，不能见机端他一脚。当你成功的时候，不要在对方面前趾高气扬，应克制自己，不要流露出得意。做到这些就是"付出"，勇敢地"付出"。

亚历山大和大流士在伊萨斯展开激烈大战，大流士失败后逃走了。一个仆人想办法逃到大流士那里，大流士询问自己的母亲、妻子和孩子们是否活着，仆人回答："他们都还活着，而且人们对她们的殷勤礼遇跟您在位时一模一样。"

大流士听完之后又问他的妻子是否仍忠贞于他，仆人回答仍是肯定的。于是他又问亚历山大是否曾对她强施无礼，仆人先发誓，随后说："大王陛下，您的王后跟您离开时一样，亚历山大是最高尚的人，最能控制自己的英雄。"

大流士听完仆人这句话，双手全十，对着苍天祈祷说："宙斯大王，您掌握着人世间帝王的兴衰大事。既然您把波斯和米地亚的主权交给了我，我祈求您，如果可能，就保佑这个主权天长地久。但是如果我不能继续在亚洲称王了，我祈祷您千万别把这个主权交给别人，只交给亚历山大，因为他的行为高尚无比，对敌人也不例外。"

大流士虽然战败了，但却能够主动赞赏亚历山大，这说明他有一个博大的胸怀。

称赞对手，为对手叫好，特别是为刚刚打败自己的对手鼓掌，不仅需要那么一点勇气，还需要一种胸怀。既战胜了人性弱点，容纳自己，更容纳别人的胸怀。做到了这两点的人，有时觉得他们比强者还可爱，或者说，他们才是从失败中站起来的强者。

经营自己的长处，给你的人生增值

人生成功的诀窍在于经营自己的长处，找到发挥自己优势的最佳位置。我们每个人都有自己天生的优势，也有自己天生的劣势，关键是看我们是否能够善于发现自己的优势并有效地经营自己的优势。

一个人成功与否，在很大程度上取决于自己能不能扬长避短，善于经营自己的长处。富兰克林说得好："宝贝放错了地方便是废物。"如果一个人不是经营自己的长处，而是扬短避长，过高或过低地估量自己，那么，他的人生之路将是非常崎岖和艰难的，他可能终生劳碌但永远不会成功。相反，若善于发挥自己的优势，经营自己的长处，就可能很快驶入事业的快车道，创造出丰富多彩的人生。

马克·吐温作为职业作家和演说家，可谓名扬四海，取得了极大的成功。你也许不知道，马克·吐温在试图成为一名商人时却栽了跟头，吃尽苦头。

马克·吐温投资开发打字机，最后赔掉了5万美元，一无所获。他看见出版商因为发行他的作品赚了大钱，心里很不服气，也想发这笔财，于是他开办了一家出版公司。然而，经商与写作毕竟风马牛不相及，马克·吐温很快陷入了困境。这次短暂的商业经历以出版公司破产倒闭而告终，作家本人也陷入了债务危机。

经过两次打击，马克·吐温终于认识到自己毫无商业才能，于是断了经商的念头，开始在全国巡回演说。这回，风趣幽默、才思敏捷的马克·吐温完全没有了商场中的狼狈，重新找回了感觉。最终，马克·吐温靠工作与演讲还清了所有债务。

可见，正确经营自己的长处，你才能更准确地发现自己的最佳才能，找到成功的最迅捷的途径。现实生活中，每个人对自己的人生道路，对自己的优势都应该进行一番设计，保持理性的头脑，真正认清了方向，加以精心培养，就可以少走弯路，事半功倍，早日成功。在人生的路上，只要善于发掘和利用自己的优点，就会成为一个成功人士。

嘉芙莲女士原是美国俄亥俄州的一名电话接线员，天赋加上长期的职业锻炼，她的口齿伶俐、声音柔和动听以及态度热诚在当地很有"口碑"，受到用户的普遍赞赏。嘉芙莲是个胸怀创业大志的人，她不想一辈子就当一个普普通通的电话接线员，她要当老板，要开创自己的事业。她知道商场如战场，任何不着边际的空想都只能是画饼充饥，一定要从自己的实际情况出发，寻找自己所长与社会所需的结合点，从这里起步干出自己的一番事业。从这种观念出发，她回头审视自己的生活，主意就来了：利用自己的天赋条件成立一家电话道歉公司，专门代人道歉。后来的事情可想而知，嘉芙莲女士不但拥有了自己的公司，而且还成为商业界的一位成功人士。

从嘉芙莲女士的成功中，我们不难发现，善用自己的长处是多么明智的选择。在人生的坐标系里，一个人如果不能保持理性，站错了位置，用他的短处而不是长处来谋生的话，那是非常不明智的，他可能会在永久的卑微和失意中沉沦。

"尺有所短，寸有所长"，每个人都有自己的长处，同时又都有自己的不足或弱势，如果你能经营自己的长处，就会给生命增值；反之，如果你经营自己的短处，那会使你的人生贬值。所以，只要你善于发掘自己的潜力，发挥自己的优势，经营自己的长处，就能找到发展自己的道路，创造美好的人生。

不要以为自己很重要

不要认为你在别人心中很重要，重要只是对自己而言。其实，有很多时候我们并不是很重要，也不是不可或缺的，世界不会因为缺少了我们而变得有所不同，我们只不过是假想自己很重要而已。

曾经有一位很有名的哈佛学者，很是自傲，总是认为自己很了不起，以为自己很重要，好像觉得世上没有了他就少了什么。可是一件小事改变了他的看法。一次家庭聚会，有几十个人，到了吃饭时间，他故意把自己藏在餐厅的柜子里，好让别人都来找他时，给别人一个突然的惊喜。可是意外发生了，由于大家都沉浸在欢乐的气氛中，都只注意到临近的人，直到用餐完毕，才有人发现少了他，他实在是憋不住了，从柜子里跑了出来，一副很沮丧的样子。从此，他知道了：永远不要把自己看得很重要！

的确如此，在生活中，我们自以为很重要的东西，也许在某些人眼里，根本就不值一提。所以，我们千万别自以为是，别以为自己有多么了不起。

布思·塔金顿是20世纪初美国著名小说家和剧作家，他的作品《伟大的安伯森斯》和《爱丽丝·亚当斯》均获得普利策奖。在塔金顿声名显赫的鼎盛时期，他在多种场合讲述过这样一个故事。

那是一个红十字会举办的艺术家作品展览会上，我作为特邀的贵宾参加了展览会。其间，有两个可爱的十六七岁的小女孩来到我面前，虔诚地向我索要签名。

"我没带自来水笔，用铅笔可以吗？"我其实知道她们不会拒绝，我只是想表现一下一个著名作家谦和地对待普通读者的大家风范。

"当然可以。"小女孩们果然爽快地答应了，我看得出她们很兴奋，当然她们的兴奋也使我倍感欣慰。

一个女孩将她非常精致的笔记本递给我，我取出铅笔，潇洒自如地写上了几句鼓励的话语，并签上我的名字。女孩看过我的签名后，眉头皱了起来，她仔细看了看我，问道："你不是罗伯特·查波斯啊？"

"不是，"我非常自负地告诉她，"我是布思·塔金顿，《爱丽丝·亚当斯》的作者，两次普利策奖的获得者。"

小女孩将头转向另外一个女孩，耸耸肩说道："玛丽，把你的橡皮借我用用。"

那一刻，塔金顿所有的自负和骄傲瞬间化为泡影。从此以后，他时时刻刻告诫自己：无论自己多么出色，都别太把自己当回事。

在现实生活中，我们总是迷失在这个错误的感觉中，自以为自己很重要，但实际上，在别人眼里却是微乎其微的。在芸芸众生之中，你只是一个名字、一个过客、一个无关痛痒的陌生人。别以为自己能对别人产生多大的影响，对这个社会和世界有多大的改变。没有你的微笑，世界照样美好。所以，我们千万别自以为是，别以为自己有多么了不起，还是将自己看轻些比较好。

第七章
活在当下，努力过好每一天

与其追求幸福，不如享受幸福

在世界著名高等学府哈佛大学里，排名第一的课程，不是时尚的经济学课程，也不是实用的法律课程，而是泰勒·本·沙哈尔博士的幸福课。我们来到这个世上，到底追求什么才是最重要的？沙哈尔博士坚定地认为：幸福感是衡量人生的唯一标准，是所有目标的最终目标。

幸福，在人们心里没有统一的标准，每个人都有他自己幸福的定义。

商人说："幸福就是拥有更多的金钱。"

战士说："幸福就是让祖国更加富强。"

学生说："幸福就是放一天的假，让我睡个好觉。"

孤儿说："幸福就是拥有母爱。"

……

每个人对幸福都有不同的定义，可是无论幸福是什么，我们都应该珍惜自己所拥有的幸福。

美国教育家杜朗曾叙述过他如何寻找幸福。他先从知识里找幸福，得到的只是幻灭；从旅行里找，得到的只是疲倦；从财富里找，得到的只是争斗与忧愁；从写作中找，得到的只是劳累。直到有一天，他在火车站看见一辆小汽车里坐着一位年轻妇女，怀里抱着一个熟睡的婴儿。一位中年男子从火车上下来，径直走到汽车旁边。他吻了一下妻子，又轻轻地吻了婴儿——生怕把他惊醒。然后，这一家人就开车离去了。这时杜朗才惊奇地发现什么是真正的幸福。他高兴地松了口气，从此懂得：生活的每一平常活动都带有某种幸福。

幸福就是这样，当我们苦苦地追求时，往往却遭遇到痛苦。然而，当我们轻松愉快地活着时，却发现幸福时刻围绕在我们身边。其实，幸福可以很简单，简单到我们都忽略了它的存在！只要能够把握住你现在拥有的，便是人生最大的幸福。

美国一位具有知名度的电视主持人，有一回邀请某位老人在他的节目中接受访问。这位老者在节目中所说的话内容十分朴实、自然、得当，每次话音未落，总会使人开怀大笑，受到了观众们的热烈欢迎。当然，这位主持人也因感染了其中的温馨气氛而愉悦不已。这位主持人问这位老人："你为何会这样幸福呢？你一定有关于创造幸福的不可思议的秘诀吧！"老人回答："根本没有什么不可思议的秘诀，这件事就好比每个人的脸上都有一张嘴巴一般，是件非常正常的事。我只是在每天早晨起床时做一个选择，只是选择'幸福'而已。"这位老人的见解听来也似乎过于浅显。但是，却让我们想起一件重要的事，那就是："人们如果下定决心要拥有幸福，他就会那么幸福。"你希望变为不幸，那么你就会陷入不幸的深渊中。想获得幸福的人应采取积极的心态，这样，幸福就会被吸引和聚积到他们的身边，那些态度消极的人不会吸引幸福，只会排斥幸福。

幸福是每个人都向往的一种生活，但又有多少人能感觉到自己的幸福。幸福不是凭空得来的，也不要觉得幸福是顺其自然就可能得到的，唯有紧紧抓住幸福，把握现在，才是真正的幸福。

很久以前，有个年轻勇士出海航行，去寻找属于自己的幸福。旅途中看到一个海岛，岛上有座雄伟的城堡，于是他下船来到岛上。城堡里有着数之不尽的财宝，还住着一位美丽的公主，如果勇士肯留下来定居，公主就嫁给他。但这位勇士没有留下，他相信前方的旅途中会有更大的幸福在等着他。

又经过长久的航行，他来到了第二个海岛，岛上的城堡比上一个海岛的城堡更大，更加富丽堂皇。城堡的国王热情地邀请勇士留下，愿意把自己的无数的宝藏和公主全交给他。看着比上一海岛更多的财富和更美丽动人的公主，勇士有些心动，但是他还是没有留下，他坚信前方会有更好的。

终于他来到了一个更大的岛屿，城堡位于岛的中央，比前两个城堡都要高大。勇士激动地推开了城堡的大门。但迎接他的不是数不清的财宝和美丽的公主，而是一个邪恶丑陋的巫婆。巫婆用法术控制了他，强迫他做苦工，每天都过着苦不堪言的生活。他很后悔没有珍惜前面的幸福，可时光不会倒流。

在寻找幸福的路上，我们每个人都是百折不挠的勇士，但有时却由于我们的过分执着和贪婪，使幸福一次一次地与我们擦肩而过。其实，幸福可以很简单，就在你我的身边，只是我们一直都身在福中不知福。我们需要认真地、感激地、宽容地对待人生和品味生活。要知道，在追求幸福的过程中，只有那些善于抓住幸福的人才懂得什么是幸福，才知道如何去体味。

不要浪费掉你现在的生活

闻名于世的牛津大学医学院的讲座教授、被英国国王册封为爵士的威廉·奥斯勒在年轻时，也曾为自己的前途感到迷茫。一次，他在读书时看到了一句话，给了他很大的启发。这句话是"最重要的就是不要去看远方模糊的事，而是做手边清楚的事"。对此，哈佛大学提醒学生说，明天再美好，也不如抓住眼下的今天多做点实事。

我们的人生只有三天：昨天、今天和明天。昨天，是张作废的支票；明天，是尚未兑现的期票；只有今天，才是现金，是有流通性的价值之物。我们所能拥有的只有今天，只有当下，所能把握的只是现在，因此对昨天的追悔和明天的忧虑，只会错过今天的快乐。

在哈佛大学里流传着这样一个哲理故事。

曾有一位年轻的国王，金银珠宝，应有尽有，物质生活对他来说，那是相当丰富了。可是，他并不快乐，因为他一直被两个问题所困扰，他经常夜不能寐，不断地扪心自问："谁是我生命中最重要的人？何时是最重要的时刻？"

他始终无法找到答案。一天，他颁布了一道圣旨：如果有人可以圆满地回答出这两个问题，他愿意将所有的金银珠宝拿出来与其分享。人们争先恐后地从四面八方赶来了，但他们的答案却没有一个能让国王满意。

这时有人告诉国王说，在大雪山的另一边住着一位非常有智慧的老人，如果能够找到他，也许就可以找到答案。

于是，国王历尽千辛万苦，爬过雪山终于到达那个智慧老人居住的地方。为了掩饰自己的身份，国王装扮成了一个农民的模样。

他来到智慧老人住的简陋的小屋前，发现老人手里拿着铲子蹲在地上，正在挖着什么。"听说你是个很有智慧的人，能回答所有问题。"国王说，"你能否告诉我，我一生中最重要的时光是什么时候？一生中最重要的人是谁？"

"小伙子，快来帮我挖土豆，"老人说，"然后把它们拿到河边洗干净。我烧些水，做一个可口的土豆汤，你可以和我一起喝。"

国王先是一怔，然后就照老人说的做了。因为他以为这些劳动是老人对他的考验。

可是令国王没有想到的是，他和老人一起待了几天，一直困惑着自己的问题，却没有得到老人的回答。他很失望。

最后，国王终于忍受不住了，他觉得自己不但没有得到满意的答案，而且还和这个人一起浪费了好几天的时间。于是，他大发脾气，拿出自己的国王玉玺，表明了自己的身份，对老人大喊大叫，并宣布老人是个骗子，还要把他抓起来。

老人平静地说："年轻人，当我们第一天相遇时，我就回答了你的问题，但你没明白我的答案。"

"第一天相遇就回答了我的问题？"国王问。

"是的。当你来找我的时候，我没有把你拒之门外，而是向你表示欢迎，和我一起劳动，并让你住在我家里。"

　　老人接着说，"要知道，时光一去不复返。过去的都已经过去，将来的还未来临——你生命中最重要的时刻就是现在，你生命中最重要的人就是现在和你待在一起的人，因为正是他和你分享并体验着生活啊。"

　　昨天已成为过去，明天还未来到，在自己手中牢牢掌握的只有现在。把握现在，活在当下，全心全力做好身边的每一件事，才是真正的人生。

　　人生短暂，瞬间即过，太多的东西不在我们掌握之中，过去已成过去，未来也不一定是我们想象中的那样，只有当下——现在的这一秒钟才是实实在在地掌握在我们手中的。

　　活在当下意味着无忧无悔。对未来会发生什么不去做无谓的想象与担心，所以无忧；对过去已发生的事也不做无谓的思考与计较得失，所以无悔。人能无忧无悔地活在当下，可谓是一种人生的境界。

别总是拿过去的事情来折磨现在的自己

　　生活中，我们经常可以看到，一些人因为自己做错了某件事，便终日陷在无尽的自责、哀怨和悔恨之中，这无疑是一种严重的精神消耗，只会令我们痛苦不堪。过去的已经过去，我们为过去哀伤、遗憾，除了劳心费神，于事无补。莎士比亚曾说："聪明的人永远不会坐在那里为他们的过错而悲伤，却会很高兴地去找出办法来弥补过错。"所以，我们没有必要整日懊悔过去的错误，既然过错已经发生，我们所需要的是从过错中总结经验得失，避免下一次再犯。

保罗博士是纽约市的一所中学老师，他曾给他的学生上过一堂难忘的课。这个班级的多数学生常常为过去的成绩感到不安，他们总是在交完考试卷后充满忧虑，担心自己不能及格，以致影响了下一阶段的学习。

有一天，保罗博士在实验室讲课，他先把一瓶牛奶放在桌子上，沉默不语。学生们不明白这瓶牛奶和所学课程有什么关系，只是静静地坐着，望着保罗博士。保罗博士忽然站了起来，一巴掌把那瓶牛奶打翻在水槽之中，同时大声喊了一句："不要为打翻的牛奶哭泣！"然后，他叫所有的学生围拢到水槽前仔细看那破碎的瓶子和淌着的牛奶。博士一字一句地说："你们仔细看一看，我希望你们永远记住这个道理。牛奶已经淌光了，不论你们怎样后悔和抱怨，都没有办法取回一滴。你们要是事先想一想，加以预防，那瓶奶还可以保住。可是现在晚了，我们现在所能做到的，就是把它忘记，然后注意下一件事。"

保罗博士的表演，使学生学到了课本上从未有过的知识。许多年后，这些学生仍对这一课留有极为深刻的印象。

"不要为打翻了的牛奶而哭泣"，多么发人深省的话语。看似简单的一句话，却意义深刻，它其实是告诉我们一种对待错误、失误的心态——不要为自己的过失而苦恼。对过去的错误，有机会补救，就尽力补救，没有机会补救，就坚决将其丢到一边，不要陷在过去的泥沼里，越陷越深，无力自拔，否则你将错失更多的东西。正如泰戈尔所言，如果你因为错过太阳而流泪，那么你也将错过月亮和星辰。

　　著名的发明家爱迪生费尽大半的财力，建立了一个庞大的实验室，但是一场大火，造成了严重的损失，他一生的研究心血几乎都付之一炬。

　　当他的儿子在火场附近焦急地找他的父亲时，他看到已经六十七岁的爱迪生，居然平静地坐在一个小斜坡上，看着熊熊大火烧尽一切。

　　爱迪生看儿子来找他，扯开喉咙叫他的儿子快去找妈妈来，"快把她找来，让她看看这难得一见的大火。"大家都以为这场大火会对爱迪生造成重大的打击，但是他说："大火烧去了所有的错误。感谢上帝，我们又可以重新开始了。"

　　这场大火给了爱迪生很大的启发，就在三个星期后，经过爱迪生日夜奋战，他竟神奇般地发明了留声机。

　　生活中，总会有一些意想不到的事情发生。当你面对一些不幸的打击时，要学会潇洒地挥一挥手，告别昨天。不要把宝贵的时间和精力浪费在悔恨、自责和羞愧上。这些负面情绪只会阻止你改变目前的生活状态，因为它们只会让你的意识停留在过去。

　　意识停留在过去的人，不可能积极地面对现在。因为人的大脑无法同时面对"过去"和"现在"这两个现实。生活是对意识的反映。如果你的意识只关心你做过或本来应该做什么，那么你的现在只会由气馁、焦虑和迷惑堆砌，这个代价太大了。不如原谅自己，用积极的心态面对未来。

生活中，有太多的变数，事情一旦发生，就绝非一个人的心境所能变的。如果心里整天想着它，怎么也挥不去那个阴影，怎么也摆脱不了那种懊悔，为此反反复复孤枕难眠，这样就放大了痛苦，带给自己的将是更大更多的失误。

过去的事就让它过去吧，不要为打翻的牛奶哭泣，因为你已经无法去改变它了。但你要记住，以积极的态度来应付不幸之事会收到好的效果，只要你吸取教训，你便从中获益。

不要抱怨，抱怨只能显示出你没本事

我们在日常生活中，几乎随时都能听到各式各样的抱怨：抱怨工作乏味，抱怨孩子不听话；抱怨老公赚钱太少，抱怨婚姻不幸福；抱怨分配不公平，承诺的提成不兑现；抱怨公司管理制度过严……诸如此类的抱怨是不少人的生活写照，他们整天处在一个消极的生活态度中，一种不被重视的不公平感使他们的心中充满了不满、抱怨，甚至愤怒。如果你想抱怨，那么，生活中的一切都能够成为你抱怨的对象。如果你不抱怨，生活中的一切就都会变得美好。一味地抱怨不但于事无补，反而还会使事情变得更糟。

詹姆斯原本是一个很有前途的心理医生，刚刚进入这一行业的时候，他像其他人一样充满了雄心壮志，但是在这个岗位上工作了两年时间后，詹姆斯开始变得愤世嫉俗，他甚至比前来咨询的病人更加满怀负面情绪。他觉得老板给他的薪水过低，觉得老板不重用他，而自己提交的升职报告也一次都没有回复过。

而真实的情况是，老板决定在下半年的集体会议上宣布提升詹姆斯为主治医生一事。然而詹姆斯并没有了解上司对他的期望，也不是兢兢业业地做事，他总是抱怨说："再做下去一点意思也没有了。从早到晚都是面对病人的抱怨，脑袋都要爆炸了，恨不得找个地方躲起来。患者究竟要治疗到何种地步竟然是一群外行在制定标准，他们对治疗一窍不通，但我们却不得不遵守他们的标准。"

天下没有不透风的墙，詹姆斯的这些牢骚很快便传到了老板的耳朵里。老板对詹姆斯的表现感到非常失望，一直以来老板就对詹姆斯抱有很高的期望——事实上，詹姆斯的情况老板不是没有看到，但是老板认为，詹姆斯过于年轻，需要接受基层业务的扎实训练。但是，当老板听到詹姆斯的抱怨和牢骚之后，老板打消了尽快晋升詹姆斯的想法。当詹姆斯再次得知没有被晋升的消息时，詹姆斯彻底地变成了一个典型的工作倦怠者，最终他不得不离开这个职位。

生活本来就不是事事如意，生活本来就不会十全十美，相反，起起落落、悲欢离合才是家常便饭。这是现实，你必须承认，所以你不要抱怨。能够忍受不公平的待遇，并且以平常的心态对待，这是人生的一个境界，也是我们努力追求的方向。坦然面对生活，用微笑来迎接一切困难。如果一旦遇到波折、困难或不顺心的事，就抱怨他人，感叹自己"怀才不遇"，悔恨"明珠暗投"，对生活失去兴趣，对美好的东西失去追求。这种心理不仅会磨损人的志气，而且是一个人生活幸福的致命伤。

常常抱怨的人，其实是不热爱生活的人，或者说是不理解生活的人。生活是需要你理解的。你不理解生活，你就会常常有愤愤不平的感觉，你就会有怀才不遇的感觉，你就会有运气不佳的感觉。

生活中总有很多不如意的地方，但抱怨是解决不了问题的。抱怨是一种有害的情绪，又是人们最容易产生的情绪。抱怨为什么有害，是因为抱怨会让人产生消极的情绪，让人戴上有色眼镜看世界，抱怨会磨灭人的斗志，磨损人的动力。倾向于抱怨的人，总是会否认人存在的主观能动性，不能通过自我改造来适应世界和不断改造环境。他们容易认为环境因素是不可以改变的。倾向于抱怨的人总是会否认外界存在的有利因素，因为抱怨自动把有利的方面都屏蔽了，抱怨会让自我陷入自怨自艾中，掉入泥潭而最终伤人伤己。

生活本来就是不公平的，永远不要抱怨生活，因为生活根本不知道你是谁！只有我们用平凡的心去面对所给我们的不如意，心中的乌云才会慢慢散开。只有不抱怨生活的人，才是生活的主人。只有不畏惧生活中的不平和磨难，在生活中历练自己，促使自己成长和成熟，羽翅丰满，才能在广阔的天空翱翔，放飞梦想，实现人生价值。

关注积极的事以及你想得到的东西，并朝着那个方向去努力，为你的进步喝彩，你将养成热爱生活的习惯，而不是终日怨天尤人。

幸福就是做自己喜欢的事情

幸福的心态是：一辈子能够做你想做的事，是最幸福的一件事。人生最大的幸福莫过于，你想到的事情都能做得到，也就是心想事成。美国第16任总统亚伯拉罕·林肯曾经说过："我一直认为，如果一个人决心想获得幸福，那么他就能得到这种幸福。"也许你对这一说法感到非常奇怪，人怎能选择自己的幸福？但如果你认真分析身边的成功者和失败者，你就会发现事实确实如此。

2001年3月15日，一个名为"摩西奶奶在21世纪"的画展，在华盛顿国立女性艺术博物馆举行。该展览除展出摩西奶奶的作品外，还陈列了一些来自其他国家有关摩西奶奶的私人收藏品。其中最引人注目的是一张明信片，它是摩西奶奶1960年寄出的，收件人是一位名叫春水上行的日本人。

这张明信片是第一次公布于众，上面有摩西奶奶画的一座谷仓和她亲笔写的一段话：做你喜欢做的事，上帝会高兴地帮你打开成功的门，哪怕你现在已经80岁了。

摩西奶奶为什么要写这段话呢？原来这位叫春水上行的人想从事写作，他从小就喜欢，可是大学毕业后，他一直在一家整容医院里忙活，这让他感到很别扭。马上就30岁了，他不知该不该放弃那份令人讨厌的职业，从事自己喜欢的行当。收到春水上行来自日本的信，让摩西奶奶很感兴趣，因为过去的来信，都是恭维她或向她索要绘画作品的，只有这封信是谦虚地向她请教人生问题的，虽然当时她已100岁了，她还是立即回了信。

摩西奶奶是美国弗吉尼亚州的一位农妇，76岁时因关节炎放弃农活，开始了她梦寐以求的画画。80岁时，到纽约举办画展，引起了轰动。她活了101岁，一生留下绘画作品1600余幅，在生命的最后一年还画了40多幅。

那么，到底是什么原因，使人们异常关注那张明信片呢？原来那张明信片上的春水上行正是日本大名鼎鼎的作家渡边淳一。

也许正是这个原因，每当讲解员向参观的人讲解这张明信片时，总要附带地说上这么几句话：你心里想做什么，就大胆地去做吧！不要问自己的年龄有多大和现在的工作状况如何，因为你想做的那件事才是你真正的天赋所在，才是你人生的成功点，才是你生命的寄托和精神的家园。

心理学认为，当一个人从事自己所喜爱的职业时，他的心情是愉快的，态度是积极的，而且他也很有可能在所喜欢的领域里发挥最大的才能，创造最佳的成绩。

一位名人说过："你一定要做自己喜欢做的事情，才会有所成就。"当然，做自己喜欢做的事，并不是那么容易的。事实上，大多数人都在做他们不喜欢的事情，却又必须逼着自己把不喜欢的事情做得更好。在这种乏味的情况下，他们会经常失去动力，时常遇到事业的瓶颈，而没有相应的解决方案。他们不断地征求别人的意见却还是照着一般生活方式生活。凡事没有多大的进展，甚至是在原地徘徊。这些当然不是他们想要的，但是由于客观的原因以及条件的制约，他们当中却很少有人试着去改变自己的状况。

人的生命是有限的，抓紧时间去做自己想做的事情，把梦想变成现实，千万不要将梦想带进坟墓，让自己后悔。因为，生活中最大的幸福，就是放手做自己真正想做的事情，并乐在其中，做到最好。那么究竟是谁有能力决定你的未来是幸福还是不幸呢？答案只有一个——你自己。

做自己喜欢的事情，应该说是一种很高境界的幸福。一个人拥有再多的钱都不可能持续的快乐，一个人拥有再多的财富都不可能永远的幸福，要想拥有持续的快乐和幸福只有一个方法：就是做你喜欢的事，做你想做的人。然而，更多的时候，由于各种主客观因素的影响，并非人人都可以做自己喜欢的事。因而，如果你幸运地找到了你喜欢做的事，你就应该勇敢大胆地去做，而不必理会世俗的眼光。

你可能永远都达不到顶峰，但是如果你正在做你喜欢的事情，那么与其中蕴藏的快乐相比，财富或名声又算得了什么呢？所以，努力找到自己喜欢的事并为之奋斗不息，你将会拥有一个充实快乐的人生！

丢掉可怕的虚荣心

虚荣心是人类一种普遍的心理状态，无论古今中外，无论男女老少，穷者有之，富贵者亦有之。它深藏在人的心灵深处，是一种肮脏的污垢，是一个需要摘除的毒瘤。哈佛心理学家认为，虚荣心是自尊心的过分表现，是为了取得荣誉和引起普遍注意而表现出来的一种不正常的社会情感。

受虚荣驱使的人，只追求表面上的荣耀，不顾实际条件去求得虚假的荣誉。有人说虚荣心是一种扭曲的自尊心，死要面子、打肿脸充胖子，这就是对虚荣心的生动描述。

爱慕虚荣的查理夫妇一直都向往一种自命不凡、高人一等的生活方式。

这天，夫妇二人去参加一个上层人士举办的酒会，在漫无边际的闲聊中，话题转到了莫扎特。

"一个绝对的音乐天才！才华横溢，无人能及！"有人简练地评价道。

加入这种对名人评头论足、阳春白雪的讨论是查理夫人一生的梦想。于是，她不失时机却又故作轻描淡写地说道："噢，莫扎特，我非常同意您的见解，我喜欢他这个人，也许你们不敢相信，今天早晨我还在21路车站和他聊了几句，他正要去音乐厅客串一场演出，上车之前他还礼貌地向我道了别，真是一个非常懂礼节的人。"

查理夫人的话音一落，周围便顿时安静了下来，大家都轻蔑地看着她。

查理觉得自己蒙受了巨大的耻辱，他走到查理夫人面前，略带愠怒地耳语道："我们现在就走，快穿上你的外套，我们得赶快离开。"

驾车回家途中，查理一言不发。

"查理，你是不是生气了？"查理夫人打破沉默。

"噢，是吗？你终于注意到了？"查理用嘲讽的口吻说道，"你今天让我丢尽了面子！你看见莫扎特坐21路车去音乐厅了？你这个自以为是的傻瓜！谁都知道21路车根本就不路过音乐厅！"

有时，人们为了自己可怜的虚荣心，通过炫耀、显示、卖弄等手段来获取荣誉与地位，但结果往往是弄巧成拙。虚荣心很强的人往往是华而不实的浮躁之人。法国哲学家柏格森说："一切恶行都围绕虚荣心而生，都不过是满足虚荣心的手段。"他的话虽然未必全对，但至少反映了相当一部分生活的真实。

虚荣，是人生的一记暗伤。轻者，累及一时；重者，痛苦一生。太爱慕虚荣，不是自己为自己增光，而是自己给自己添累。

再苦再累也要笑一笑

美好的生活要靠自己去创造，与其苦苦抱怨现实的不如意，不如细心体会眼前实在的快乐。俗话说："笑一笑，十年少。"高尔基也说过，只有爱笑的人，生活才能过得更美好。因此，我们要微笑着面对生活，能以苦为乐的人，才能发现希望。

在美国的西雅图，有一个很特殊的鱼市场，人们都说在那里买鱼简直是一种享受。在那个市场里免不了有鱼腥味，但是迎面而来的是鱼贩们欢快的笑声。他们面带笑容，就像是球场上合作的棒球队员，让冰冻的鱼像棒球一样，在空中飞来飞去，大家互相唱和："啊，8条鳕鱼飞往佛罗里达去了，5只螃蟹飞到堪萨斯喽。"这是多么和谐的生活，充满着乐趣和欢笑。

有人问一位在这里卖鱼的人："你们在这种环境下工作，为什么还能保持愉快的心情呢？"对方回答说，事实上，几年前的这个鱼市场本来也是一个没有生气的地方，大家整天抱怨条件差，生活太苦太累。但是后来，大家认为与其每天抱怨沉重的工作，不如改变工作的品质。于是，他们不再抱怨生活本身，而是把卖鱼当成一种艺术。再后来，一个创意接着一个创意，一串笑声接着另一串笑声，他们成为鱼市场中的奇迹。

大伙练的时间长了，人人身手不凡，可以和马戏团演员相媲美。这种工作的气氛还影响了附近的上班族，他们常到这儿来和鱼贩们一起用餐，感染他们乐于工作的好心情。有不少没有办法提升工作士气的主管还专程跑到这里来询问："为什么一整天在这个充满鱼腥味的地方做苦工，你们竟然还这么快乐？"他们已经习惯了给这些不顺心的人排忧解难。

有时候，卖鱼贩们还会邀请顾客参加接鱼游戏，即使怕鱼腥味的人，也很乐意在热情的掌声中一试再试，意犹未尽。每个愁眉不展的人进了这个鱼市场，都会笑逐颜开地离开，手中还会提满了情不自禁买下的货，心里似乎也会悟出一些道理来。

在我们的一生中，谁都会遇到诸多不顺心的事。个性悲观消极的人在遇到困境时，看不到光明，抱怨天地的不公，甚至破罐子破摔，在精神上倒下。而个性积极乐观的人在遇到困境时，能够泰然处之，认定活着就是一种幸福，无论是顺境还是逆境，都一样从容安静，积极寻找生活的快乐，不浪费生命的一分一秒，在黑暗之中向往光明，在精神上永远不倒。

凡·高在成为画家之前，曾到一个矿区当牧师。他第一次和工人一起下井，要下到地下200米的深处，他待在升降机中，渐渐地陷入了巨大的恐惧之中，感到心都在跳：一切都在颤颤微微，铁索轧轧作响，箱板左右摇晃，所有的人都默不作声，听凭机器把他们运进一个深不见底的黑洞。这是一种进地狱般的感觉。

事后，凡·高问一个神态自若的老工人："你们是否已经习惯了这一切，不会再感到恐惧了吗？"这位坐了几十年升降机的老工人答道："不，我们永远不习惯，永远感到害怕，只不过我们学会了微笑着面对这一切。"凡·高听后再也不感到害怕了，他感到自己的心也在笑着面对这一口黑黑的深井。

名人这样，普通人也该一样。成功人士能够再苦也要笑一笑，而我们普通人同样能够做到面对艰苦笑一笑，苦中作乐不是自我麻痹，不是消极退却，而是"以苦为乐"来达到积极的目的。

人生路不可能一帆风顺，痛苦和失败在所难免，我们要坚持积极、乐观地迎接生活的每一天，用微笑面对灾难，我们会变得更加坚强。

面对当今越来越复杂的社会，在背负巨大心理压力的同时，我们必须面对各种艰苦的现实，能否在苦难中找到快乐的心情，就取决于我们内心是否强大。"谁也别想把黑暗放在我面前，因为太阳就生长在我心底。"

这是一句挺美的歌词，也说出了快乐的真谛。微笑面对生活，生活会更有滋味，人生更加丰富多彩。生命是美丽的，生活是美好的，只要我们笑对生活，才能深刻领悟人生的真谛，才能谱写人生华丽的乐章。

带着感恩的心去生活

感恩是一种美德，是一种处世哲学，是一个人对自己和他人以及社会关系的正确认识。感恩也是一种责任，知恩图报，有恩必报，它不仅是一种情感，更是一种人生境界的体现。

同样，这个价值观也是哈佛大学所倡导的人之品行。从道德的意义上看，人家帮助你，你当然要回报别人，这是善良和高贵的象征；从现实的角度看，如果一个人受到他人的帮助时，非但不思回报，甚至恶意相向，那么，这个世界将会变得怎样的混浊黑暗？

感恩不仅仅是为了报恩，因为有些恩泽是我们无法回报的，有些恩情更不是等量回报就能一笔还清的，唯有用纯真的心灵去感动、去铭刻、去永记，才能真正对得起给你恩惠的人。在生活中，如果我们每个人都不忘感恩，人与人之间的关系会变得更加和谐，更加亲切。我们自身也会因为这种感恩心理的存在变得更加愉快和健康。感恩一切，内心才会时刻充满温暖，活在感恩中，人才会幸福快乐。

在哈佛大学里，曾有一个名叫詹姆斯的穷苦学生，为了付学费，他挨家挨户地推销商品。中午的时候，他觉得肚子很饿，但身上却仅有一美元。于是，他便下定决心，到下一家时，向人家要餐饭吃。然而当一位年轻貌美的女孩子打开门时，他却失去了勇气。他没敢讨饭，只要求喝一杯水。女孩看出他饥饿的样子，于是给他端出一大杯鲜奶来。詹姆斯把牛奶喝光后，说："应付多少钱？"而女孩却说："不要钱。母亲告诉我们，不要为善事要求回报。"于是他道谢后，离开了那个人家。此时，詹姆斯不但觉得自己的身体强壮了不少，而且自信心也增强了起来。

数年后，那个年轻女孩病情危急，家人将她送进了医院。正当医生们对女孩的病情束手无策时，主治医生詹姆斯来到了病房。他一眼就认出了她，他的眼中充满了奇特的光芒。他立刻回到诊断室，并且下定决心要尽最大的努力来挽救她的生命。

经过一个多月的诊治后，女孩终于起死回生，战胜了病魔。当批价室将出院的账单送到詹姆斯医生手中签字时，他看了一眼账单，然后在账单边缘上写了几个字。账单转送到了女孩的病房里，女孩不敢打开账单，因为她知道，她一辈子都可能还不清这笔医药费。最后她还是打开看了，医药费的确是一个天文数字。但在账单边缘上却写着这样一句话："一杯鲜奶已足以付清全部的医药费！签署人：詹姆斯医生。"女孩眼中泛滥着泪水，她心中高兴地祈祷着："上帝，感谢您，感谢您的慈爱，借由众人的心和手，不断地在传播着。"

感恩是人性真善美的具体体现，是一种最诚挚的生活态度。感恩是每个人应有的道德准则，是做人最起码的修养。如果在我们的心中培植一种感恩的思想，则可以沉淀许多的浮躁、不安，消融许多的不满与不幸。只有心怀感恩，我们才会生活得更加美好。

感恩是一种对恩惠心存感激的表示，是每一位不忘他人恩情的人萦绕心间的情感。学会感恩，是为了擦亮蒙尘的心灵而不致麻木；学会感恩，是为了将无以为报的点滴付出永铭于心。常怀感恩之心，我们便能够无时无刻地感受到生活的幸福和快乐。

感恩，是一种歌唱生活的方式，它源自人对生活的真正热爱。感恩之心足以稀释你心中的狭隘和蛮横，更能赐予人真正的幸福与快乐。心存感恩，你就会感到幸福。

学会感恩，就会善待自己，更好地生活；学会感恩，就会懂得宽容，不再抱怨，不再计较；学会感恩，我们便能以一种更积极的态度去回报我们身边的人；学会感恩，我们会抱着一颗感恩之心，去帮助那些需要帮助的人；学会感恩，我们会摒弃那些阴暗自私的欲望，使心灵变得澄清明净……

学会遗忘，得到心灵的释放

人生的路崎岖而又漫长，有太多太多的烦恼和忧伤。如果把什么成败得失、功名利禄、恩恩怨怨、是是非非等都牢记心中，让那些伤心和烦恼的事萦绕于脑际，就等于背上了沉重的包袱，无形的枷锁，就会活得很苦很累。如果你想永远开心，那么，请你经常换一下心情——学会遗忘，以真实的快乐去对待每一天。

阿拉伯有三位著名作家，一位叫阿里，另外两位分别叫吉伯、马沙。有一次他们三人结伴外出旅游，行至一座名山时，马沙失足滑落，幸而吉伯舍命般地救他，才把马沙从死神手里夺了回来。马沙就在附近的一块石头上刻下："某年某月某日，吉伯救了马沙一命。"

三人继续旅行，又走了几天，来到一个河边。不知为了什么，阿里与马沙吵起架来，两个人吵得面红耳赤，越吵越凶，各不相让。阿里一气之下，打了马沙一个耳光。马沙非常生气，就在沙滩上写下："某年某月某日，阿里打了马沙一个耳光。"

当他们旅游归来时，阿里已找不到马沙在沙滩上写的字，可是马沙刻在石头上的字却依然清晰。阿里问马沙："为什么将吉伯救你的事刻在石头上？为什么把我打你耳光的事写在沙滩上？"

马沙微笑着回答："永远都感激吉伯的救命之恩；至于你打了我的事，随着沙滩上字迹的消失，我已忘得一干二净了。"

这个故事告诉我们一个道理：记住别人对我们的恩惠，遗忘我们对别人的怨恨，人生的旅程才能晴空万里。

人活一世，有些东西是必须抛弃的，不管经历怎样的风雨和疼痛，人生总是要向前看的。有些记忆是不适合再带着上路的，它只会让你活得更加痛苦，增加更多心灵的负担。所以，要学会遗忘，学会让自己轻装上阵。

岁月会自然流逝，记忆会自然消退，在岁月面前，人既渺小也卑微，因此，人生之中，没有什么过不去的坎。学会遗忘，有选择的遗忘，漫长的人生将更写意洒脱，人生的旅程也能多几道亮丽的风景。

人的一生像是一次长途跋涉，不停地行走，沿途会看到各种各样的风景，历经许许多多的坎坷。如果把走过去看过去的都牢记心上，就会给自己增加很多额外的负担，阅历越丰富，压力就越大，还不如一路走来一路忘记，永远保持轻装上阵。过去的已经过去了，时光不可能倒流，除了记取经验教训以外，大可不必耿耿于怀。

遗忘，对痛苦是解脱，对疲惫是宽慰，对自我是一种升华。如果一个人老是不能忘记任何事情，将是十分痛苦的。人活在世上，往往是难于将事看穿。如果你想把事情看轻、看薄、看淡，就要学会遗忘，善于遗忘。否则，拘泥于一得一失，则身不能安，茶饭不思，身心疲惫，活得沉重和艰难。

学会遗忘，用理智过滤掉自己思想上的杂质，保留真诚的情感，它会教你陶冶情操。只有善于遗忘，才能更好地保留人生最美好的回忆。如烟往事俱忘却，心底无私天地宽。要学会遗忘，就要胸怀大志，宽容处世，从追求名利得失、个人利益中解脱出来，把任何事情都看轻一点、看淡一点，把一些不该记住的东西及时遗忘，只留下温馨和美好，才能把愉快的心境、充沛的精力和长久的健康留给自己，使生命之树常青。

遗忘是一种心灵的释放，让思想不被禁锢在记忆的牢笼里。在人生的旅途中，如果我们善于遗忘，把不该记忆的东西统统忘掉，那就会给我们带来心境的愉快和精神的轻松。

第八章
习惯千差万别，未来天壤之别

始终如一地忠于目标

美国首屈一指的个人成长权威人士博恩·崔西曾经说过："一个人专注于同一件事，比同时涉猎多个领域好得多，获得成功的概率也更大。"这便是专注的力量。

专注是一种精神，它不仅仅是一种外在的行动体现，更是一种执着、坚持不懈的心态。专注就是把意识集中在某一个特定欲望上的行为，并要一直集中到已经找出实现这一欲望的方法，而且坚决地将之付诸实际行动。

一天，奥地利作家斯蒂芬·茨韦格去乡下探望好朋友——著名雕塑家奥古斯特·罗丹。在简朴的工作室里，罗丹兴高采烈地介绍自己的新作——一个女性半身像。他仔细地审视着这幅作品，对旁边的茨威格说："只有那肩膀上的线条还显得有些僵硬。对不起……"

说着说着，罗丹顺手拿起一把小刀就开始摆弄起这座雕像，自顾自地干了一个多小时，把身边的茨威格忘得一干二净。除了理想中的雕像外，他脑子里再也装不下任何东西，工作就是他存在的唯一理由。终于，完美的雕像诞生了，大功告成！

然后，罗丹心满意足地朝门外走去，却突然发现了一直耐心等待的客人。他觉得非常过意不去，连忙向客人道歉："对不起，先生，我简直把你忘记了。"

虽然被冷落了一个多小时，茨威格却感叹道："我在这一天的收获，比在学校几年的收获还大。我从来没有见过一个人可以如此专注地工作，甚至忘了时间和整个世界，这太让我感动了。在这短短一个小时里，我懂得了成功的秘诀——专注。只要我们全神贯注地工作，无论大小，最终一定会成功。"

只有专注才能专业，只有专注才能造就成功。正如作家西塞罗所说："任凭怎么脆弱的人，只要把全部的精力倾注在唯一的目的上，必能有所成就。"

生活中，很多人做事缺少效率，就是因为没有专注的精神。他们也希望自己的效率能够得到提高，所以常常想在很短的时间内做好无数件事情，结果注意力不断分散，脑中一会儿想着这件事情，一会儿又想着另一件事情，这样工作效率自然大打折扣。事实上，你完全可以专注于某一件事情，将精力和时间都用在这件事情上，将它处理完毕之后再进行其他的工作，这样工作效率反而会大大提升。

一家公司在招聘员工时，特别注重考察应聘者的专心致志的工作作风。通常在最后一关时，都由董事长亲自考核。现任经理要职的约翰逊在回忆当时应聘时的情景时说："那是我一生中最重要的一个转折点，一个人如果没有专注工作的精神，那么他就无法抓住成功的机会。"

那天面试时，公司董事长找出一篇文章给约翰逊说："请你把这篇文章一字不落地读一遍，最好能一刻不停地读完。"说完，董事长就走出了办公室。

约翰逊想：不就读一遍文章吗？这太简单了。他深呼吸一口气，开始认真地读起来。过了一会儿，一位漂亮的金发女郎走过来，"先生，休息一会儿吧，请用茶。"她把茶杯放在茶几上，冲着约翰逊微笑着。约翰逊好像没有听见也没有看见似的，还在不停地读。

又过了一会儿，一只可爱的小猫伏在了他的脚边，用舌头舔他的脚踝，他只是本能地移动了一下他的脚，丝毫没有影响他的阅读，他似乎也不知道有只小猫在他的脚边。

那位漂亮的金发女郎又飘然而至，要他帮她抱起小猫。约翰逊还在大声地读，根本没有理会金发女郎的话。

终于读完了，约翰逊松了一口气。这时董事长走了进来问："你注意到那位美丽的小姐和她的小猫了吗？"

"没有，先生。"

董事长又说道："那位小姐可是我的秘书，她请求了你几次，你都没有理她。"

约翰逊很认真地说："你要我一刻不停地读完那篇文章，我只想如何集中精力去读好它，这是考试，关系到我的前途，我不能不专注。别的什么事我就不太清楚了。"

董事长听了，满意地点了点头，说："小伙子，你表现不错，你被录取了！在你之前，已经有50人参加考试，可没有一个人及格。"他接着说："现在，像你这样有专业技能的人很多，但像你这样专注工作的人太少了！你会很有前途的。"

果然，约翰逊进入公司后，靠自己的业务能力和对工作的专注及热情，很快就被董事长提拔为经理。

可见，专注能给人们带来成功的机遇！一个专注的人，往往能够把自己的时间、精力和智慧凝聚到所要干的事情上，从而最大限度地发挥积极性、主动性和创造性，提高执行力，努力实现自己的目标。

专注是一种巨大的力量，它在一个人追求成功的过程中，起着不可估量的作用。正如哈佛大学的第二十二任校长科尼利厄斯·费尔顿所说："想让一个人的大脑发挥最佳的状态，那么就让它不间断地处理一件事情，这样专注地去做、去想，最后必定会取得良好的成效。"成功没有捷径可走，成功来自于专注。人的精力总是有限的，成功卓越者可能一生要做很多事情，但在一段时间内，只有集中精力投入一个目标，才容易成功。

不为琐事迷人眼，凡事皆分主次

古人云："事有先后，用有缓急。"做事分清轻重缓急，不但做起事来井井有条，完成后的效果也是不同凡响。次序处理好了，不但能够节约时间、提高效率，最重要的是能给自己减少许多麻烦。

美国伯利恒钢铁公司总裁查尔斯·舒瓦普，向效率专家艾维·利请教"如何更好地执行计划"的方法。

艾维·利声称可以在十分钟内就给舒瓦普一样东西，这东西能把他公司的业绩提高50％，然后他递给舒瓦普一张空白纸，说："请在这张纸上写下你明天要做的六件最重要的事。"舒瓦普用了五分钟写完。

艾维·利接着说："现在用数字标明每件事情对于你和你的公司的重要性次序。"

这又花了五分钟。

艾维·利说："好了，把这张纸放进口袋，明天早上第一件事是把纸条拿出来，做第一项最重要的。不要看其他的，只是第一项。着手办第一件事，直至完成为止。然后用同样的方法对待第二项、第三项……直到你下班为止。如果只做完第一件事，那不要紧，你总是在做最重要的事情。"

艾维·利最后说："每一天都要这样做　您刚才看见了，只用十分钟的时间——你对这种方法的价值深信不疑之后，叫你公司的人也这样干。这个试验你爱做多久就做多久，然后给我寄支票来，你认为值多少就给我多少。"

一个月之后，舒瓦普给艾维·利寄去一张2.5万美元的支票，还有一封信。信上说，那是他一生中最有价值的一课。

五年之后，这个当年不为人知的小钢铁厂一跃而成为世界上最大的独立钢铁厂。人们普遍认为，艾维·利提出的方法功不可没。

任何事情都有轻重缓急之分。只有分清哪些是最重要的并把它做好，你的工作才会变得井井有条，卓有成效。如果你分不清事情的轻重缓急，不但会浪费许多时间，更会让你的努力全部"归零"。所以，为了提高效率，我们要试着多思考一些，学会分清事情的轻重缓急，先做重要的事。

　　在哈佛大学的一次管理课上，教授先拿出一个装水的罐子，然后又拿出一些鹅卵石往罐子里装。当教授把鹅卵石装满罐子后，问他的学生们："这罐子是不是已经装满了？""是！"所有的学生异口同声地回答道。"真的装满了吗？"教授笑着问。然后，他又拿出一些碎石子，把碎石子从罐口倒下去，摇一摇又加了一些，直至装不进去了为止。他又问学生："这次是不是装满了？"学生们有些不敢回答了。最后班上有位学生小声说道："也许没满。""很好！"教授说完后，又从桌下拿出一袋沙子，慢慢地倒进罐子里。倒完后再问班上的学生："现在你们再告诉我，这个罐子是满的吗？""没有满。"全班同学这次学乖了，大家很有信心地回答。"好极了！"最后，教授从桌子底下拿出一大瓶水，把水倒在看起来已经被鹅卵石、小碎石、沙子填满了的罐子中。当这些事都做完之后，教授正色问他的同学们："我们从上面这些事情中得到了哪些重要的启示？"

　　一阵沉默过后，一位自以为聪明的学生回答说："无论我们的工作多忙、行程排得多满，如果要挤一下还是可以多做些事的。"教授听到这样的回答点了点头，微笑着说："答得不错，但并不是我要告诉你们的重要信息。"说到这里教授故意停住，用眼睛扫了全班同学一遍后说："我想告诉各位的最重要的信息是，如果你不先将大的'鹅卵石'放进罐子里去，也许你以后永远都没有机会再把其他的东西放进去了。"

　　这个故事告诉我们：做任何事情都要学会排序，建立好优先权。如果不能把握关键所在，常常是付出大量的人力、物力和财力，执行结果却收效甚微。相反，如果能够了解事物的关键所在，执行结果就会完全不同。　确定工作的轻重缓急，然后，坚持按重要性优先排序的原则做事，你将会发现，再没有其他办法比按重要性办事更能有效利用时间的了。

在生活中，有不少人做事勤奋，但却没有取得成就。这是因为他们常犯一个错误，那就是分不清主次轻重。他们常常是捡了芝麻丢了西瓜，虽然小事干得又多又好，但成效不大，因为那毕竟是些无关紧要的小事，而真正重要的大事却常常被他们忽视，因为小事已经占用了他们大部分的时间和精力。为了提高效率，我们要学会先做重要的事。

克服拖延，立即行动

在哈佛大学图书馆墙壁上有这样一条训言："勿将今日之事拖到明日。"哈佛大学通过这条训言告诉学生：拖延是行动的死敌，也是成功的死敌。

拖延总是以借口为向导，让我们错失机会，而借口总是合情合理，让拖延顺理成章，习惯成自然，让我们的心灵难以觉察。在不知不觉中，拖延已不仅仅是一个习惯，还成为一种生活方式。拖延使我们所有的美好理想变成真正的幻想，拖延令我们丢失今天而永远生活在"明天"的等待之中。拖延的恶性循环使我们养成懒惰的习性、犹豫矛盾的心态，这样就成为一个永远只知抱怨叹息的落伍者、失败者、潦倒者。

拖延让人一无所获，是对宝贵生命的一种无端浪费，这样的行为在我们的生活中不断发生。如果把你一天的时间记录下来，你会发现，拖延不知不觉地消耗了你大部分的时间——今天该做的事情拖延到明天完成，现在该写的作业拖延到一两个小时后才写，这个星期该完成的学习总结拖到下个星期……凡事都留待明天处理的态度就是拖延，这就是一种不良的生活习惯。

拖延是一种恶习，这个坏习惯并不能使问题消失或者使解决问题变得容易起来，只会制造问题，给生活造成严重的危害。

对一位渴望成功的人来说，拖延最具破坏性，也是最危险的恶习，它使人丧失进取心。一旦开始遇事推脱，就很容易再次拖延，直到变成一种根深蒂固的习惯性的拖延。

美国哈佛大学人才学家哈里克说："世上有93%的人都因拖延的陋习而一事无成，这是因为拖延能杀伤人的积极性。"拖延时间的心理，只会使我们在"现在"这个时段更加脆弱，并且沉迷于幻想。

詹姆斯是个50岁的中年男人，他有一个坏毛病，就是凡事都拖延。本来他极想成功，但什么事都不能准时完成，结果因积压下来的工作而痛苦，最后几乎因为拖延这个恶习失去了工作。

但几年以后他却成了一家旅游公司的总经理，别人问他使用了什么方法，他娓娓道来："一个星期六的下午，我坐在一家避暑旅馆的走廊上看书，无意中听到一个人在和他的家人谈话。这位做父亲的仍决定不了，该在当天下午还是次日上午去驾船。这天天气很好，第二天或许更好。孩子们很想立即出发，而那父亲却还是唠叨着，现在去还是明天去。这个人的犹豫让我感到不耐烦，心里骂他：'为什么还不快做决定，这个美丽的下午就快过去了。'忽然我一下子想到，这不也正是自己的毛病吗。我办事不成功不在能力方面，而是在采取决定的方面。其实有些事情本身没有那么复杂。意识到这一点，我从此改变了行为方式。我对自己说：'要是我不愿意立刻就做一件事，那么我就要求立刻去做并决定在什么时候才做，而到时就非做不可！'几年来，我就是这样督促自己，用'赶快决定'这么一个简单的方法使自己获得成功。"

立刻行动起来，不要有任何的耽搁。"立即行动"，是自我激励的警句，是自我发动的信号，它能使你勇敢地驱走拖延这个坏习惯，帮你抓住宝贵的时间去做你所不想做而又必须做的事。

成功者必是立即行动者。对于他们来讲，时间就是生命，时间就是效率，时间就是金钱，拖延一分钟，就浪费一分钟。只有立即行动才能挤出比别人更多的时间，比别人提前抓住机遇。所以，我们必须改掉拖延的恶习，立即行动。

与人携手合作，你的力量会更大

提到"合作"，哈佛大学的校长曾用一句话来解释就是"教育孩子理解别人，与其他人合作。在现今社会，如果不能上下相互理解和合作，知识再多也没用"。

能进入哈佛大学学习的人都是非常优秀的，但很少人会因此而忽视团队合作。这不仅得益于哈佛大学重视团队合作精神的教育，更因为多数人都知道，不要低估了你身边的人，他们也都经历了很多才来到哈佛大学的。

合作就是大家为了同一个目标，联合起来一致行动。著名的潜能激励大师安东尼·罗宾指出："没有合作，就没有成功。"的确，在日常生活中，谁都不可能是一座孤岛，一个人要取得成功，必须学会与他人一道工作，并得到他人的合作。如果他要完成一件大事，那么也需要一支有效的、强大的队伍做后盾。

随着社会的发展，人与人之间交往日益频繁，既存在着激烈的竞争，又有着广泛的联系与合作。一个缺乏合作精神的人，不仅事业上难有建树，个人提升方面也很难适应时代发展的需要，难在激烈的竞争中立于不败之地。越是现代社会，孤家寡人、单枪匹马越难取得成功，越需要团结协作，形成合力。

有一家跨国大公司对外招聘三名高层管理人员，九名优秀应聘者经过初试、复试，从上百人中脱颖而出，闯进了由公司董事长亲自把关的面试。

董事长看过这九个人的详细资料和初试、复试成绩后，相当满意，但他又一时不能确定聘用哪三个人。于是，董事长给他们九个人出了最后一道题。董事长把这九个人随机分成A、B、C三组，指定A组的三个人去调查男性服装市场，B组的三个人去调查女性服装市场，C组的三个人去调查老年服装市场。董事长解释说："我们录取的人是用来开发市场的，所以，你们必须对市场有敏锐的观察力。让你们调查这些行业，是想看看大家对一个新行业的适应能力。每个小组的成员务必全力以赴。"临走的时候，董事长又补充道："为避免大家盲目展开调查，我已经叫秘书准备了一份相关行业的资料，走的时候自己到秘书那里去取。"

两天以后，每个人都把自己的市场分析报告递到了董事长那里。董事长看完后，站起身来，走向C组的三个人，分别与之一一握手，并祝贺道："恭喜三位，你们已经被录取了！"随后，董事长看看大家疑惑的表情，哈哈一笑说："请大家找出我叫秘书给你们的资料，互相看看。"

原来，每个人得到的资料都不一样，A组的三个人得到的分别是本市男性服装市场过去、现在和将来的分析，其他两组的也类似。董事长说："C组的人很聪明，互相借用了对方的资料，补齐了自己的分析报告。而A、B两组的人却分别行事，抛开队友，自己做自己的，形成的市场分析报告自然不够全面。其实我出这样一个题目，主要目的是考察一下大家的团队合作意识，看看大家是否善于在工作中合作。要知道，团队合作精神才是现代企业成功的保障！"

合作才有出路。只有懂得合作的人，才能获得生存空间；只有善于合作的人，才能赢得发展机会。

合作已经成了人的一种能力，是成功的基础。个人的力量总是有限的，与人合作则可以壮大自己。一个人最明智且能获得成功的捷径就是善于同别人合作。正如哈佛大学的一位教授所说："人的价值，除了具有独立完成工作的能力外，更重要的是赋有和他人共同完成工作的能力。"

无论做什么事，都离不开团结协作。毕竟，单个人的力量是有限的。

在当今社会生产和生活中，合作越来越显示出了重要的意义。面对社会分工的日益细化、技术和管理日益复杂化，个人的力量和智慧显得十分微不足道，即使是天才，也需要他人的协助。

成功不能只靠自己的强大，成功更需依靠别人的帮助。无论你有多大的能力，你都要懂得这样一个道理："你无法独自成功。"因此，你必须让你周围的人来帮助你。有了他们的帮助，你才能更快地达成你的目标。

一个人的能力总是有限的，只有与有实力的人合作，才能逐渐让自己强大起来。成大事者善于合作，以求借势发挥，成就自己的事业。哲学家威廉·詹姆斯曾经说过："如果你能够使别人乐意和你合作，不论做任何事情，你都可以无往不胜。"合作是一种能力，更是一种艺术。唯有善于与人合作，才能获得更大的力量，争取更大的成功。

良好的习惯决定一生的成就

常言道："习惯成自然。"习惯一旦形成，就会成为一种定型性的行为，就会变成人的一种自觉需要。它不需要别人的提醒，不需要别人的督促，也不需要自己意志力的支持，已经变成了一种自觉化的动作和行为。

哈佛大学的罗森塔尔博士曾说，如果你能够养成良好的习惯，就等于成功了一半；如果你能够坚持良好的习惯，就能够成为精英。

美国总统罗斯福在没有登上总统宝座之前，有一个不好的习惯：

凡事太爱争强好胜，动不动就和别人打嘴皮官司，始终跟人难以相处。因为这个习惯使罗斯福失去了很多朋友。他觉悟之后，马上就着手改变自己的习惯。他列出了一个清单，把自己个性上他认为的那些不良习惯一一列在上面，并且从最致命的不良习惯开始，一直纠正到不足挂齿的小毛病为止。当他把自己的毛病全部"删除"完毕的时候，良好的习惯遍布全身，如去倾听、去赞扬、站在别人立场上想问题、去爱、多付出等，结果，他变成了美国历史上最受尊敬和爱戴的总统之一。

由此可见，习惯直接影响一个人的命运。好的习惯使人立于不败之地，坏的习惯把人从成功的巅峰拉下来。

其实，每一位成功者都有许多良好习惯致成功的故事。英国戏剧家萧伯纳坚持该先做的事情就先做的习惯使他成为著名的作家；爱迪生坚持想睡就睡的习惯，保证了他工作时有极高的效率，使思维保持活跃，从而有了一个又一个发明创造；约翰·洛克菲勒坚持工作有张有弛的习惯，使他成为全世界拥有财富最多的人之一。这样的例子简直多得不可胜数。

习惯是所有伟人的"奴仆"，也是所有失败者的"帮凶"。伟人之所以伟大，得益于习惯的鼎力相助，失败者之所以失败，习惯同样责不可卸。

俄国教育家乌申斯基对习惯做了一个形象的比喻，他认为："好习惯是人在神经系统中存放的资本，这个资本会不断地增长，一个人毕生都可以享用它的利息。而坏习惯是道德上无法还清的债务，这种债务能以不断增长的利息折磨人，使他最好的创举失败，并把他引到道德破产的地步。"概括地说：一个人如果养成了好的习惯，就会一辈子享受不尽它的利息；要是养成了坏习惯，就会一辈子都偿还不完它的债务。这就是习惯！

美国福特公司名扬天下，不仅使美国汽车产业在世界占据鳌头，而且改变了整个美国的国民经济状况，谁又能想到该奇迹的创造者福特当初进入公司的"敲门砖"竟是"捡废纸"这个简单的动作？

那时候，福特刚从大学毕业，他到一家汽车公司应聘，一同应聘的几个人学历都比他高。在其他人面试时，福特感到没有希望了。当他敲门走进董事长办公室时，发现门口地上有一张纸，很自然地弯腰把他捡了起来，看了看，原来是一张废纸，就顺手把它扔进了垃圾篓。董事长对这一切都看在眼里。福特刚说了一句话："我是来应聘的福特。"董事长就发出了邀请："很好，很好，福特先生，你已经被我们录用了。"这个让福特感到惊异的决定，实际上源于他那个不经意的动作。从此以后，福特开始了他的辉煌之路，直到把公司改名，让福特汽车闻名全世界。

福特的收获看似偶然，实则必然，他下意识的动作出自一种习惯，而习惯的养成来源于他的积极态度。这正如著名心理学家、哲学家威廉·詹姆斯所说："播下一个行动，你将收获一种习惯；播下一种习惯，你将收获一种性格；播下一种性格，你将收获一种命运。" 如果你有幸养成好习惯，就会终身受益。所以，我们想要获得事业上的成功和生活的乐趣，就必须明白习惯的力量是如何的强大。我们必须要养成良好的习惯，同时应时时警惕，去除那些危害我们生活的坏习惯。

学会制订计划，人生需有目标

曾经有这样一对夫妻，他们有两个活泼可爱的孩子，这两个孩子从小就十分喜欢小狗，所以父母决定为他们养一只小狗。小狗抱回来以后，他们想请一位驯狗师帮忙训练这只小狗。在训练之前，女驯狗师问这对夫妻："小狗的目标是什么？"夫妻俩面面相觑："难道小狗也有目标吗？如果说一只小狗真的要有目标的话，那也就是当一只狗了。"女驯狗师极为严肃地摇了摇头说："每只小狗都得有一个目标，你们也应该为它树立一个明确的目标。"

夫妻俩商量之后，为小狗确立了一个目标——白天和孩子们一起玩耍，夜里要能看家。后来，在女驯狗师的训练下，小狗成了孩子们的好朋友和家中财产的守护神。

这对夫妻就是美国前副总统阿尔·戈尔和他的妻子迪帕。他们牢牢地记住了这句话——做一只狗要有目标。推而广之，做一个人更要有目标。

目标不仅是奋斗的方向，更是一种对自己的鞭策。有了目标，才会有热情、有积极性、有使命感和成就感，才能最大限度地发挥自己的优势，调动沉睡在心中的那些优异、独特的品质，造就自己璀璨的人生。

现实生活中，许多人之所以一事无成，最根本原因在于他们不知道自己到底要做什么。所以，明确自己的目标和方向是非常必要的。只有在知道你的目标是什么、你到底想做什么之后，你才能够达到自己的目的，你的梦想才会变成现实。

有一个年轻人因为工作问题跑来找拿破仑·希尔，这个年轻人举止大方、聪明，大学已经毕业四年。

他们先谈年轻人目前的工作、受过的教育、背景和对工作的态度，接着拿破仑·希尔对年轻人说："你找我帮你换工作，你喜欢哪一种工作呢？"

年轻人说："那正是我找您的目的，我真的不知道自己想要干什么？"

拿破仑·希尔又问道："让我们从这个角度看看你的计划，十年以后你希望怎样呢？"

年轻人想了想："我期待我的工作和别人一样，待遇优厚并且买一幢好房子。当然，我还没有深入思考过这个问题呢。"

拿破仑·希尔继续解释："那是很自然的，你现在的情形就好比跑到航空公司里说'给我一张机票一样。除非你说出你的目的地，否则人家没办法卖给你机票'。只有我知道你的目标，才能帮你找工作。换而言之，你自己确定了自己的目标了吗？"

年轻人陷入了沉思之中。拿破仑·希尔也确信，年轻人已经学到了人生最关键的一课，那就是：你出发之前，一定要有明确的方向和目标。

可见，一个人如果没有明确的目标和方向就没有做事的标准，也就失去了做事的动力。而如果有目标，就有奋斗的方向和为之奋斗的计划。对我们每个人来说，明确的目标就犹如我们成长过程中的灯塔，照亮我们前进的方向，指引我们不断前行。

思想家爱默生曾说过："当一个人知道他的目标去向，这个世界是会为他开路的。"的确，给自己一个梦想，一个目标，把它们深藏于心，每天不断地提醒自己目标一定会实现的，并且为了这个目标，制订一个详细而周全的计划，不时地检验计划的执行情况，你就一定能够如愿以偿。

没有规则的约束，一切行为准则都是空谈

俗话说："不以规矩，无以成方圆。"规则是人类社会得以稳定存在的基本保障，有人群的地方就离不开规则。

对哈佛大学来说，规矩有多重要，下面这个故事似乎说明了一切。

1864年的一天，美国哈佛大学图书馆突发火灾，数百本哈佛牧师捐赠的重要图书被焚毁一空，只有一本书幸免于难——前一天晚上，它被一位学生违章带回了宿舍（哈佛大学有一项校规就是学生在图书馆借阅学校的珍贵图书只能留在图书馆阅览）。次日，这名学生把书交还给学校，而这本书也成为哈佛牧师捐赠图书的孤本。在处理这一事件时，哈佛大学召开会议，校长对该学生提出了表彰，对他保留了学校最珍贵的图书表示最高的谢意，然后当众宣布开除这名学生。

不开除这名学生不行吗？他毕竟已将功补过，甚至功大于过——

这可能是我们的行事态度，但哈佛校长没有这么做。他感谢那位同学，是因为那位同学诚实；开除他，是因为校规不可违。哈佛大学的理念是：让校规看守哈佛大学的一切，比让道德看守哈佛大学更有效。

哈佛大学的校长说了一段至今仍为人们铭记的话："你保留了学校最珍贵的图书，理应得到赞赏。你违反了学校校规，理应被学校开除。没有这一套严格管理制度，整个学校就不能运转，我不能因为你而破坏了规矩。"

规则是体现大多数人的利益和意志的，遵守规则不仅有利于规范人们的道德水准，更是可以促进社会的进步与发展。

人在社会里生活，人与人是相互关联的，与人相处时要讲原则、讲规则，如果大家都不遵守规则，那这个社会就变成乱序的社会了。正如胡适所说："一个肮脏的国家，如果人人讲规则而不是谈道德，最终会变成一个有人味儿的正常国家，道德自然会逐渐回归；一个干净的国家，如果人人都不讲规则却大谈道德、谈高尚，天天没事儿就谈道德规范，人人大公无私，最终这个国家会堕落成为一个伪君子遍布的肮脏国家。"

做任何事都应遵循规则，破坏规则就是破坏道义和秩序，一个没有规则意识的人，是无法让人信赖的，最终倒霉的是违规者自己。

一个在日本留学的中国学生，课余时间为日本餐馆洗盘子以赚取学费。日本餐饮业有一个不成文的行规：盘子必须用水洗七遍。洗盘子的工作是按件计酬的，这位留学生计上心头，洗盘子时少洗一两遍，结果，劳动效率大大地提高了。日本学生向他请教技巧，他毫不避讳："少洗两遍就行了。"日本学生与他渐渐疏远了。一次，餐馆老板检查盘子清洗情况的时候，老板用专用的试纸测出盘子清洁程度不够，责问这位留学生，他却振振有词："洗五遍和洗七遍差别并不大。"老板只是淡淡地说："你是一个不守规则的人，请你离开。"

因为不守规则，同学们疏远了他，老板更是炒了他的鱿鱼，这足以说明了规则的重要性。

我们生活在一个充满了各种规定、规则、制度、法律的社会里，法律只是一个人的行为底线，德行才是每个人要自律的。有些人在没有明确规范的情况下，常会为了自己的私欲打擦边球，做出一些受人非议的事情。他们或许确实没有违法，但是违反了道德和自己的良心。所以道德在很多时候都是一条重要的衡量标准。规则也是如此，一个人做事时如果没有一些基本的准则，就会随波逐流，无法把握生活，无法在事业上闯出属于自己的一片天。所以说，守规则是人生活的基本道德标准。

做任何事都要有无限的热情

热情是一种洋溢的情绪，是一种积极向上的态度，更是一种高尚珍贵的精神。不论我们做什么事，如果没有倾注全部的热情，都很难将它做好，也很难在某一领域做出成就并展现自我的价值。

美国思想家爱默生曾写道："人要是没有热情是干不成大事业的。"

一生不可不读的哈佛情商课

大诗人乌尔曼也说过："年年岁岁只在你的额上留下皱纹，但你在生活中如果缺少热情，你的心灵就将布满皱纹了。"一个人如果没有热情，不论他有什么能力，都很难发挥出来，也不可能会成功。成功是与热情紧紧联系在一起的，要想成功，就要让自己永远沐浴在热情的光影里。

法兰克·派特是美国著名的人寿保险销售员。在加入保险行业之前，他曾是一名职业棒球运动员。当年，派特刚转入职业棒球界不久，就遭到有生以来最大的打击，他被开除了。他的动作无力，因此球队的经理有意要他走人。球队经理对他说："照镜子，好好看看你自己的样子。做什么事情都慢吞吞的，你哪像是在球场混了二十年的运动员？我告诉你，无论你到哪里做任何事，若不提起精神来，你将永远不会有出路。"

就这样，派特无奈地离开原来的球队。后来，有一位名叫丁尼·密亨的老队员把他介绍到新凡的一个职业棒球队去。在新凡的第一天，派特的一生有了一个重要的转变。因为在那个地方没有人知道他过去的情形，他就决心变成新凡最具热忱的球员。为了实现这点，当然必须采取行动才行。

在赛场上，派特就好像吃了兴奋剂一般。他强力地投出高速球，使接球的人双手都麻木了。记得有一次，派特以强烈的气势冲入三垒，那位三垒手吓呆了，球漏接，派特就盗垒成功了。当时气温高达39℃，派特在球场奔来跑去，极可能因中暑而倒下去，但在过人的热忱支持下，他挺住了。这种热忱所带来的结果，真令人吃惊。由于热忱的态度，派特的月薪增加到原来的七倍。在往后的两年里，派特一直担任三垒手，薪水加到三十倍之多。为什么呢？派特自己说："就是因为一股热忱，没有别的原因。"

不幸的是，在一次比赛中，派特的手臂受了伤，不得不放弃职业棒球生涯。失业后，他决定投入保险界，于是他到菲特列人寿保险公司当了一名保险业务员。但很遗憾，他整整一年多都没有什么成绩，因此很苦闷。但后来，他想起当年打棒球时热忱的态度，他又变得热忱起来。经过不断的努力，最终他成为人寿保险界的大红人。不但有人请他撰稿，还有人请他演讲自己的经验。他说："我从事推销已经15年了，我见到许多人，由于对工作抱着热忱的态度，使他们的收入成倍地增加起来。我也见到另一些人，由于缺乏热忱而走投无路。我深信唯有热忱的态度，才是成功推销的最重要因素。"

热情是发自内心的激情，是一种意识状态，是一种重要的力量，它具有巨大的威力。一个人如果激情洋溢，热情地面对人生，乐观地接受挑战，那么他就成功了一半。一个人如果没有热情，不论他有什么能力，都很难发挥出来，也不可能会成功。成功与热情是紧紧联系在一起的，要想成功，就要让自己永远沐浴在热情的光影里。

杰克是在肯德基负责烤汉堡的工作人员。他每天都很快乐地工作，尤其在烤汉堡的时候，他更是专心致志。许多顾客对他为何如此开心感到不可思议，十分好奇，纷纷问他："烤汉堡的工作环境不好，又是件单调乏味的事，为什么你可以如此愉快地工作并充满热情呢？"

杰克说："在我每次烤汉堡时，我便会想到，如果点这汉堡的人可以吃到一个精心制作的汉堡，他就会很高兴，所以我要好好地烤汉堡，使吃汉堡的人能感受到我带给他们的快乐。看到顾客吃了之后十分满足，并且神情愉快地离开时，我便感到十分高兴，仿佛又完成一件重大的工作。因此，我把烤好汉堡当作我每天工作的一项使命，要尽全力去做好它。"

顾客听了他的回答之后，对他能用这样的工作态度来烤汉堡，都感到非常钦佩。他们回去之后，就把这样的事情告诉周围的同事、朋友或亲人，一传十、十传百，很多人都喜欢来到这家肯德基店吃他烤的汉堡，同时看看"快乐烤汉堡的人"。

顾客纷纷把杰克认真、热情的表现，反映给公司。公司主管在收到许多顾客的反映后，也去了解情况。公司有感于他这种热情积极的工作态度，认为值得奖励和栽培。没过多久，杰克便升为分区经理。

热情是人的生活态度，积极投入，时时充满热情，才是人的最佳状态。因为积极热情的态度可以感染人、带动人，给人以信心，给人以力量，形成良好的环境和氛围。

在所有伟大成就过程中，热情是最具有活力的因素，可使我们不惧现实中的重重困难。美国伟大的思想家爱默生说："不倾注热情，休想成就丰功伟绩。"热情是战胜所有困难的强大力量，它使你保持清醒，意志坚强，使你全身心地投入从事的事业当中，唯有保持高度的热情，你才会有永不衰竭的动力。

热情是经久不衰地推动你面向目标勇往直前，直至你成为生活主宰的原动力。因此，我们对待生活，要时时刻刻充满热情，这样生活才会少几分无奈，多几分精彩。

用行动体现你的价值所在

哈佛大学的教授曾讲过这样一个小笑话。

有个落魄的中年人每隔三两天就到教堂祈祷，而且他的祷告词几乎每次都相同："上帝啊，请念在我多年来敬畏您的分上，让我中一次彩票吧！阿门。"但他却从来没中过奖。

终于有一次，他跪着说："我的上帝，为何您不垂听我的祈求？让我中彩票吧！只要一次，让我解决所有困难，我愿终身奉献，专心侍奉您……"

就在这时，圣坛上空传来一阵宏伟庄严的声音："我一直垂听你的祷告。可是，最起码你老兄也该先去买一张彩票吧！"

是啊，心动不如行动。再美好的梦想与愿望，如果不能尽快在行动中落实，最终只能是纸上谈兵，空想一番。有人说，心想事成。这句话本身没有错，但是很多人只把想法停留在空想的世界中，而不落实到具体的行动中，因此常常是竹篮打水一场空。所以，有了梦想，就应该迅速有力地实施。坐在原地等待机遇，无异于盼天上掉馅饼。

说一尺不如行一寸。有想法是好的，但再好的想法也要付出行动。因为行动才会产生结果，行动是成功的保证。俄罗斯作家克雷洛夫曾说过："现实是此岸，理想是彼岸，中间隔着湍急的河流，行动则是架在河上的桥梁。"任何伟大的目标、伟大的计划，最终必然落实到行动上才能实现。行动是完成计划奔向目标获得成功的保证。

约翰和詹姆斯一起搭船来到了美国，他们打算在这里闯出自己的一片天地。他们下了船，来到码头，看着海上的豪华游艇从面前缓缓而过，二人都非常羡慕。约翰对詹姆斯说："如果有一天我也能拥有这么一艘船，那该有多好。"詹姆斯也点头表示同意。

中午的时候，他们都觉得肚子有些饿了，两人四处看了看，发现有一个快餐车旁围了好多人，生意似乎不错。约翰是对詹姆斯说："我们不如也来做快餐的生意吧！"詹姆斯说："嗯，这主意似乎是不错。可是你看旁边的咖啡厅生意也很好，不如再看看吧！"两人没有统一意见，于是就此各奔东西了。

握手言别后，约翰马上选择一个不错的地点，把所有的钱投资做快餐。他不断努力，经过五年的用心经营，已经拥有了很多家快餐连锁店，积累了一大笔钱财，他为自己买了一艘游艇，实现了他自己的梦想。

这一天，约翰驾着游艇出去游玩，发现了一个衣衫褴褛的男子从远处走了过来，那人就是当年与他一起来闯天下的詹姆斯。他兴奋地问詹姆斯："这五年你都在做些什么？"詹姆斯回答说："五年间，我每时每刻都在想：'我到底该做什么呢？'"

万事始于心动，成于行动。空想家与行动者之间的区别就在于是否进行了持续而有目的的实际行动。实际行动是实现一切改变的必要前提。我们往往说得太多，思考得太多，梦想得太多，希望得太多，我们甚至计划着某种非凡的事业，最终却以没有任何实际行动而告终。

成功者的路有千条万条，但是行动却是每一个成功者的必经之路，也是一条捷径。100次心动，远比不上一次行动。心动只能让你终日沉浸在幻想之中，而行动才能让你最终走向成功。

学会分解目标，你将会更快达成目的

辉煌的人生不会一蹴而成，它是由一个个并不起眼的小目标的实现堆砌起来的。在日常生活中，我们都会有自己的目标，达到目标的关键在于把目标细化、具体化。

哈佛大学的一位心理学家做过这样一个实验。

他自发地组织三组人，让他们分别向10英里（1英里≈1.61千米）以外的一个城镇进发。

第一组的人既不知道城镇的名字，也不知道路程有多远，只告诉他们跟着向导走就行了。刚走出两三英里，有人就开始抱怨路途太远。走到一半的时候，甚至有人发出了愤怒的质问：还要走多远？再走一会儿，有人干脆坐在路边坚决不走了……

第二组的人知道城镇的名字和路程，但路边没有里程碑，只能凭经验估计行程的时间和距离。走到一半的时候，有人开始问还要走多长时间？走到 3/4 路程的时候大家情绪开始低落，觉得疲惫不堪。当听到有人说："快到了！"大家又振作起来，加快了行进的步伐。

第三组的人不仅知道城镇的名字和路程，而且路边每一英里都有里程碑，人们边走边看，边走边唱，用歌声和笑声消除疲劳，情绪一直很高，所以很快就到达了目的地。

心理学家由此得出这样的结论：当人们有了明确目标并能不断对照时，其行动的热情和动力得到维持和加强，就会自觉地克服一切困难，努力去实现目标。

很多时候，我们之所以感到困难不可逾越，成功无法企及，正是因为觉得目标离自己太过遥远。这样一来，由于看不到希望而产生的畏惧感，常常成为成功路上的一道难以跨越的屏障。所以，学会把目标分解开来，化整为零，变成一个个容易实现的小目标，然后将其各个击破，不失为一个实现终极目标的有效方法。

1984 年，在东京国际马拉松邀请赛中，名不见经传的日本选手山田本一出乎意料地夺得了世界冠军。当记者问他凭借什么取得如此惊人的成绩时，他说了这么一句话："凭借智慧战胜对手。"

当时许多人都认为这个偶然跑到前面的矮个子选手是在故弄玄虚。马拉松赛是体力和耐力的运动，只要身体素质好又有耐性就有望夺冠，爆发力和速度都还在其次，说用智慧取胜确实有点勉强。

两年后，意大利国际马拉松邀请赛在意大利米兰举行，山田本一代表日本参加比赛。这一次，他又获得了世界冠军。记者又请他谈谈经验。

山田本一性情木讷，不善言谈，回答的仍是上次那句话："用智慧战胜对手。"这回记者在报纸上没再挖苦他，但对他所谓的智慧迷惑不解。

十年后，这个谜终于被解开了。他在他的自传中是这么说的："每次比赛之前，我都要乘车把比赛的线路仔细地看一遍，并把沿途比较醒目的标志画下来，比如第一个标志是银行，第二个标志是一棵大树，第三个标志是一座红房子……这样一直画到赛程的终点。比赛开始后，我就以百米的速度奋力地向第一个目标冲去，等到达第一个目标后，我又以同样的速度向第二个目标冲去。40多千米的赛程，就被我分解成这么几个小目标轻松地跑完了。起初，我并不懂这样的道理，我把我的目标定在40多千米外终点线上的那面旗帜上，结果我跑到十几千米时就疲惫不堪了，我被前面那段遥远的路程给吓倒了。"

每个人都希望自己成功，但成功却似乎遥不可及，其实，我们不必用宏伟的目标吓唬自己，只要懂得分阶段实现大目标，成功的喜悦就会随着一个个愉快的节点逐渐浸润我们的生命。我们每个人都会有自己的梦想和目标，达到目标的关键在于把目标细化、具体化。从这个意义上讲，只有善于分解目标的人，才是离目标最近的人。因此，你不妨把一个大目标分成许多小目标，按照实施的步骤排列起来依次完成，这样可以做得更快更好。

第九章
一路前行，
为自己积累重要的人生资本

自信者自强，自信打造精彩

自信是一个人走向成功非常重要的心理素质。大凡成功人士，都有着自信与积极的人生态度。他们始终以饱满的激情，强烈的自信心和积极的人生态度，去坦然地面对困难，并善于克服困难。

莎士比亚曾说："自信是走向成功的第一步，缺少自信即是失败的原因。"爱默生说："自信是成功的第一秘诀。"一个人只有心里充满必胜的信念，对自己所从事的事业坚信不疑，他才可能迈出坚定的步伐，产生克服困难的勇气和力量，想出解决问题的方法和对策，赢得他人的信赖和支持，最后才能到达为之奋斗的终点。

一个人拥有了自信，便获得了感染、影响他人的人格力量。自信的人一般都比较善于表现自己，善于表现自己的人能够通过自己适当的表现而获得周围人的认可。

美国总统罗斯福，当他还是参议员时，潇洒英俊，才华横溢，深受人们爱戴。有一天，罗斯福在加勒比海度假，游泳时突然感到腿部麻痹，动弹不得，幸亏旁边的人发现和挽救及时才避免了一场悲剧的发生。经过医生的诊断，罗斯福被证实患上了"腿部麻痹症"。医生对他说："你可能会丧失行走的能力。"罗斯福并没有被医生的话吓倒，反而笑呵呵地对医生说："我还要走路，而且我还要走进白宫。"

第一次竞选总统时，罗斯福对助选员说："你们布置一个大讲台，我要让所有的选民看到我这个患麻痹症的人，可以'走到前面'演讲，不需要任何拐杖。"当天，他穿着笔挺的西装，面容充满自信，从后台走上演讲台。他的每次迈步声都让每个美国人深深感受到他的意志和十足的信心。后来，罗斯福成为美国政治史上唯一一个连任四届的伟大的总统。

自信体现了一个人的人格魅力。自信的人，言谈举止中所流露和表达的是一种激情，是一种催人奋进的豪迈，是一种无形的力量，这种力量的迸发能使人坚定沉着、冷静果敢。同时，自信也会感染他人，吸引他人的注意力，还会对你的事业发展有着巨大的推动作用。

自信是一种感觉，拥有这种感觉，人们才能怀着坚定的信心和希望，开始伟大而光荣的事业。自信的人，并不是处处比别人强的人，而是对事有把握，知道自己的存在有价值，知道自己对环境有影响力。他具有较强的自我管理功能，懂得如何安排自己的优势和弱势，而且在自信的心态下，他的优势更容易激发出来。自信能孕育信心，你能通过充满信心的活动使别人对你和你的意见产生信心。

自信对成功尤其重要，是人们事业成功的阶梯和不断前进的动力，同时自信又是积极向上的产物，也是积极向上的力量。在许多伟人身上，我们都可以看到超凡的自信心。正是在这种自信心的驱动下，他们敢于对自己提出更高的要求，并在失败中看到成功的希望，鼓励自己不断努力，从而获得最终的成功。

曾经担任过美国足球联合会主席的杜根，说过这样一段话："你认为自己被打倒，那你就是被打倒。你认为自己伫立不倒，那你就伫立不倒。你想胜利，又认为自己不能，那你就不会胜利。你认为你会失败，你就会失败。因为，环视此世界的成功例子，我发现一切胜利皆适于个人求胜的意识与信心。一切胜利唯存于心。你认为自己比对手优越，你就是比他们优越。因此，你必须往好处想，你必须对自己有信心，才能获得胜利。"生活中，强者不一定是胜利者，但是，胜利迟早属于有信心的人。

自信是对自己能力的一种肯定，能为我们带来成功，带来胜利，同时也向外界显示了自己的信心。如果你对自己没有信心，那么你将永远无法到达成功的彼岸。

打败你的从来不是别人，而是你自己

人生最大的困难就是超越自己，这是因为其他困难都容易解决，唯独自己是最难超越的。高尔基曾经说过："人生中最大的胜利就是战胜自己。"

有个失败者前去向一位成功者取经，交谈的过程非常顺利，成功者夸夸其谈，谈了很多他在成功道路上曾遇到的挫折，曾经历过的磨难，其曲折的经历令失败者唏嘘不已。交谈快要结束时，那位成功者告诉失败者："虽然我经历过很多的曲折，遇到过很多的对手，可是你知道对我而言最大的敌人是谁吗？"失败者茫然无措不知如何回答好。那位成功者笑着说："现在，对我来说，我最大的敌人就是我自己，我最大的挑战也是我自己。只要我战胜了自己，我就有可能取得比现在更辉煌的成就。"事实证明，这位成功者所说的话是对的，因为没过几年，他确实再一次取得了成功，把曾经的成就远远地甩在了后面！

一个人要想拥有更大的成功，就要时刻提醒自己：超越自我，超越昨天。我们不要总是把目光盯着自己的竞争对手，也不需要为自己曾经的失败而深深自责，我们需要做的，就是直面自我，战胜自我。

在美国，有一个年轻人，大学毕业后，他没有像其他同学一样去找工作，而是选择了创业。他心里有一个很好的项目，可是真要实施需要一大笔资金，这该怎么办？他找自己的父母、自己的朋友们，分别游说他们，告诉他们这个项目非常有前途。终于，半年之后，他有了足够的资金，公司很快就成立了。果然不出所料，效益非常好，他们所生产的产品总是供不应求！如果照这个形势发展下去，不到两年的时间他一定能赚大钱。就在他为自己即将取得成功而兴奋异常的时候，"二战"爆发了！

由于战争的原因，公司生产的产品竟然找不到销路，最关键的是，公司生产的原料没有了，因为那是战备物资之一。最后，他的公司只能宣告破产。在很长一段时间内，这个年轻人都无法从失败的痛苦中自拔出来。可是他知道，自己必须重新振作起来，虽然自己失败了，可是因为受战事影响，很多企业都关闭了，也就是说失败的不是他一个人，为什么别人都照样很好地生活，而自己不能呢？他穿着整洁的衣服走出自己的房间，发现春天来了，万物生机，阳光灿烂，树木依然茁壮成长，一切人生是属于我自己的，既然我无法改变社会，那么我为什么不改变自己呢？于是，他重新振作起来，开始快乐地对待每一天。也许很多人都不会想到，这个人后来居然拥有了一家比他当初所拥有的公司还要大的公司，每一年的营业额都要达到数千万美元。在他办公室的墙壁上贴着这样一句话：战胜自己！

生活就是不停地超越自己走向新生的过程。如果你要想活出精彩就要随时做好超越自己的准备。战胜自己的过程可以使一个人成长起来，战胜自己的过程可以使一个人发觉自己身上的无限潜能，战胜自己的过程可以使一个人意识到自己的重要。因此，我们要为自己树立目标，不断地超越自我，取得更大的成就。

模仿别人容易迷失自己

在这个世界上，我们每个人都是独一无二的，有着无法取代的独特性。我们没必要盲目地模仿别人，而应时刻秉持自我本色，发挥最好的自己。

总是模仿别人的人不会取得成功，哪怕他模仿的是一个成功者。成功是不能复制的，它本来是一种原创的力量，是一种富有个性的创造。如果一个人总是偏离自我而试图成为别人，或者试图去表现其他人而不是自己，那么他模仿的程度越大，他失败的可能性也越大。

不要模仿他人，做最真实的自己。每一个人都应庆幸自己是世上独一无二的，应该将自己的禀赋发挥出来，而不是亦步亦趋地跟在别人身后，和别人跳进同一个圈子里，跳一样的舞蹈。在所有缺点中，最无可救药的就是失去自我，成为别人的复制品。

　　20世纪80年代，有位名叫安德森的模特公司经纪人，看中了一位身穿廉价产品、不拘小节、不施脂粉的大一女生。

　　这位女生来自美国伊利诺伊州一个蓝领家庭，每年夏天，她就跟随朋友一起，在德卡柏的玉米地里剥玉米穗，以赚取来年的学费。

　　她从没看过时装杂志，也不懂什么是时尚，更没化过妆。这都不重要，重要的是她天生丽质，浑身散发着清新的天然香味，但是唯一美中不足的是她的唇边长了一颗黑痣。

　　安德森要将这位还带着田里玉米气息的女生介绍给经纪公司，却遭到了一次又次的拒绝，原因大都是因为她唇边的那颗黑痣。但是他下定了决心，要把女生及黑痣捆绑着推销出去，他有种奇怪的预感，这颗黑痣将成为这位女生的标志。

　　安德森给这位女生做了一张合成照片，小心翼翼地把大黑痣隐藏在阴影里，然后拿着这张照片给客户看。客户果然很满意，马上要见真人。真人一来，客户就发现"上了当"，当即指着女生的痣说："我可以接受你，但是你必须把这颗痣去掉。"

　　激光除痣其实很简单，无痛且省时，当这位女生和安德森商量把这颗痣除掉的时候，安德森坚定不移地对她说："你千万不能去掉这颗痣，将来你出名了，全世界就靠着这颗痣来识别你。"

　　果然，这位女生几年后红极一时，日入3万美元，成为天后级的人物，她就是名模辛迪·克劳馥。她的长相被誉为"超凡入圣"，她的嘴唇被称作芳唇。芳唇边赫然入目的是那颗今天被视为性感象征的桀骜不驯的黑痣。

有一天，媒体竟然盛赞克劳馥有前瞻性眼光。克劳馥回顾从前，不由得倒抽凉气，在她的成名路上，幸好遇到了"保痣人士"安德森。如果她去掉了那颗痣，就是一个通俗的美人，顶多拍几次廉价的广告，就淹没在繁花似锦的美女阵营里了，再难有所作为了。

每个人都是独立的自我，与其花过多的时间、精力去学习别人，不如找出自己的所能、所长去尽量发挥，所得一定比学习别人多。丹麦哲学家基尔凯曾说过："一个人最糟的是不能成为自己，并且在身体与心灵中保持自我。"成功者走过的路，通常都不适合其他人跟着重新再走。在每个成功者的背后，都有自己独特的、不能为别人所仿效和重复的经历。与其一味地模仿别人，还不如充分利用自己的优势，让别人来羡慕你。保持自己的本色，在顺其自然中充分发展自己是最明智的。

每个人生来就是独一无二的，模仿别人，便是扼杀自己。不论好坏，你都必须保持本色，自己的本色是自然界的一种奇迹，也是上苍给每个人最好的恩赐。记住，你就是你，不要让自己有成为其他人的迹象，你本身就是一种力量，它会增加你的信心。

要感谢自我的认真付出

生活中，我们经常被告诫，要学会感恩。于是，当我们受到一点赞扬或是取得一点成绩时，总是在不断地或有意、或无意，或真心、或违心地感谢师长，感谢上司，感谢同人，感谢亲朋……的确，太多人给予我们帮助，我们要感谢的人自然很多。感谢他人似乎已经成为一种习惯，但我们因此而忽视了另一个重要理念：人也得感谢自己！

感谢自己，才能真实的感受世界与生活。当你困难时，面对别人伸出的手时，如果你无动于衷，或许那双手也是多余的，因为这一切取决于你自己。当你伸出自己的手时，此时你应该感谢你自己，因为面对别人那双真诚的手，你也同样伸出了你的手。

人生不会一帆风顺，不管你身处事业的顶峰，还是遭遇挫折之时，你记得感谢自己，这样你会发现，你的自尊自爱感正大大增加，你会为自己的努力感到欣慰，会用旺盛的斗志扫除悲观。

感谢自己，是对自己勇于承担命运重荷的慰藉，更多的是为了明白自我的责任所在。人生可以从感谢自己中获得更多的自知之明，更清醒的头脑，更努力前行的动力。为什么不感激自己呢？路是自己走出来的，别人扶得再牢，自己不迈开脚步，又能走多远呢？

生命历程，风雨人生，太多的苦难与挫折随时相伴，而所有这些真实的存在时，所针对的人就是自己，如何对待与处理只能依靠自己。当然我们生活在这个世界中，也注定有着太多的个体存在于自己的生活里，但我们也明白于这个世界里，或许有时自己才是主角，而其他的一切都是配角。

感谢自己，是对自己能力的一种肯定，也是对自己的一种激励。感谢自己，感谢自己的努力。一分耕耘，一分收获，走过了辛勤播种的春天，终于迎来了这个收获的季节。要不是自己曾经的努力，哪来今天的硕果累累？

有一个年轻人，他对自己的写作才能充满自信，并为自己的作品深感自豪。但是，除了他本人以外，他的那些作品从来没有其他人看得上眼。这个年轻人曾多次向国内一些出版社的编辑提交过书稿，但最终没被采纳。尽管有多次被退稿的痛苦经历，他从未对自己的写作才能失去信心，他决心今后成为一名职业的作家。于是，他开始为自己的前途奋斗，投入了巨大的精力和时间，以一丝不苟的态度完成了许多书稿的创作。工夫不负有心人，终于有一家出版社的编辑愿意为他出书，他十分激动，随即给编辑写了一封言辞恳切的感谢信。

之后他很快就收到了编辑的回信，编辑说："你不要感谢我，我的工作就是为他人作嫁衣。你要感谢的人，应该是你自己，因为作品是你自己创作的。"那位编辑的话，对这个年轻人以后的创作产生了极大的鼓励作用，也给他来了很大的人生启迪。后来，这个年轻人成了一名职业作家。

一个人其实最应该感谢的就是自己，如果没有自己在主观上的努力，无论客观上怎么去帮助你，都是没有用处的，所以是你自己不断去努力，然后再来自外界的推动作用，你才走向成功的。所以最先感谢的还是你自己。

感谢自己，不是自以为是，而是自信的表现，是自己给自己的鼓励，不断地发掘自身潜能的原动力。一个人有了自信就会自强不息，就会知难而上。在生活中，只有自信，才能使自己在生命的舞台上展现自我。

生活之中总有太多的事需要我们去感谢，但真正应该感谢的是自己。感谢自己是自己给自己喝彩，感谢自己是为了给自己鼓劲。感激自己，才能让我们在感激中产生一种回报自己的强烈愿望。

对于每个人，我们为自己付出了很多，有太多值得自我感谢的方面，诸如，因为我自信，因为我努力，因为我负责，因为我诚实，因为我公正，因为我敬老，因为我宽容等。当然，这感谢只应是众多感谢、感恩中的一个方面。自我感谢不能过了头，更不能只此一点，不及其余。当然，我们在感谢自己的同时，还应该不断地总结，立足于现在，让明天的自己感谢今天的自己。

感恩自己，是自己对自己、对心灵衷心地道一声感谢、说一句"您辛苦了"；感恩自己，是自己对自己的一次虔诚的祝福、一次真挚的问候；感恩自己，是自己对自己的一次心灵和灵魂的升华、净化；感恩自己，是自己对自己的一次零距离、零空间的对话，一次自我反省、自我检阅的接触。懂得感恩自己的人，日后更懂得感恩他人！

在生活中，虽然我们要感谢很多人，但千万别忘了：感谢自己。

我的人生我做主

在日常生活中，说到命运，我们常常听到的说法是："人的命，天注定""命中只有一斗米，走遍天下不满升""生不逢时，命运不济"等。这些对命运的悲观论调在不少人的脑子里已经根深蒂固。诚然，当你身遭痛苦与不幸之时，你可以诅咒命运的不公，但绝不可以放弃心中的勇气和希望。只要看重自己，自珍自爱，生命就有意义、有价值。绝不能相信"命运安排"这种说法。大多数人的命运史表明，无论你是从事任何的职业，无论你是在较高层次的平台上演绎人生，还是在一般层次上努力求索，尽管所遇到的困境、逆境及诸种矛盾的状况不一，但有一点是共同的，即必须依靠自己点燃与命运搏斗的激情之火，依靠自我去抓住可行的机遇，挖掘自身的潜能，开拓创造新的命运之路。

命运是掌握在自己手里的，没有人能够左右。只有自己才是命运的主宰者。我们每个人都是自己命运的主人，我们的人生是失败还是成功，是默默无闻还是光彩显赫，完全是自己造成的。

人生的道路不可能是完全平坦的，它有曲折、有坎坷、有阻碍、有陷阱，追求成功的路上，我们也常常会遇到这样或者那样的困难。很多人之所以不能迈出人生的关键一步，就是因为每当他们感到压力的时候，就会一蹶不振，接受"命运安排"，很难把失败的惩罚当成不断前进的新动力。任何要想成功的人，首先要学会的就是经历苦难。经历苦难是一种痛苦，因为苦难常常会使人走投无路、寸步难行，苦难常常会使人失去生活的乐趣，甚至生存的希望。但有过苦难体验的人，都不会忘记在生活的泥潭里奋力挣扎的情景。当你战胜苦难之后，这由苦难带来的痛苦往往也会变为千金难买的人生财富。

迈克尔先生是一位成功的企业家，他从一个小学徒做起，经过多年的奋斗，终于拥有了自己的公司和办公楼，并且受到了人们的尊敬。

有一天，迈克尔先生从他的办公楼走出来，刚走到街上，就听见身后传来"嗒嗒嗒"的声音，那是盲人用竹竿敲打地面发出的声响。迈克尔先生愣了一下，缓缓地转过身。

那盲人感觉到前面有人，连忙打起精神，上前说道："尊敬的先生，您一定发现我是一个可怜的盲人，能不能占用您一点点时间呢？"

迈克尔先生说："我要去会见一个重要的客户，你要什么就快说吧。"

盲人在一个包里摸索了半天，掏出一个打火机，放到迈克尔先生的手里，说："先生，这个打火机只卖一美元，这可是最好的打火机啊。"

迈克尔先生听了，叹口气，把手伸进西服口袋，掏出一张钞票递给盲人："我不抽烟，但我愿意帮助你。这个打火机，也许我可以送给开电梯的小伙子。"

盲人用手摸了一下那张钞票，竟然是一百美元！他用颤抖的手反复抚摸这钱，嘴里连连感激着："您是我遇见过的最慷慨的先生！仁慈的富人啊，我为您祈祷！上帝保佑您！"

迈克尔先生笑了笑，正准备走，盲人拉住他，又喋喋不休地说："您不知道，我并不是一生下来就这样的，都是二十三年前布尔顿的那次事故，太可怕了！"

迈克尔先生一震，问道："你是在那次化工厂爆炸中失明的吗？"

盲人仿佛遇见了知音，兴奋地连连点头："是啊，是啊，您也知道？这也难怪，那次光炸死的人就有93个，伤的人有好几百，那可是头条新闻啊！"

盲人想用自己的遭遇打动对方，争取多得到一些钱，他可怜巴巴地说了下去："我真可怜啊！到处流浪，孤苦伶仃，吃了上顿没下顿，死了都没人知道！"他越说越激动："您不知道当时的情况，火一下子冒了出来，仿佛是从地狱中冒出来的！逃命的人群都挤在一起，我好不容易冲到门口，可一个大个子在我身后大喊：'让我先出去！我还年轻，我不想死！'他把我推倒了，踩着我的身体跑了出去！我失去了知觉，等我醒来，就失明了，命运真的不公平啊。"

迈克尔先生冷冷地说："事实恐怕不是这样吧？你说反了。"

盲人一惊，用空洞的眼睛呆呆地对着迈克尔先生。

迈克尔先生一字一顿地说："我当时也在布尔顿化工厂当工人，是你从我的身上踏过去的！你长得比我高大，你说的那句话，我永远都忘不了！"

盲人站了好长时间，突然一把抓住迈克尔先生，爆发出一阵大笑："这就是命运啊，不公平的命运！你在里面，现在出人头地了，我跑了出去，却成了一个没有用的盲人！"

迈克尔先生用力推开盲人的手，举起手中一根精致的棕榈手杖，平静地说："你知道吗？我也是一个盲人。你相信命运，可是我不信。"

这就是迈克尔先生，一个不屈服于命运的强者。盲人尚且知道自强不息，而一些健全者反倒以跪来博得路人的同情。人与人相比，真有天壤之别啊！

西方有一则谚语说："上帝只拯救能够自救的人。"追求成功的人生，就要敞开胸怀接纳上天赋予我们的一切，在缺陷面前绝不要退缩和消沉，战胜了自己，就是创造了命运。

我们每个人都是自己命运的主人，我们的人生是失败还是成功，是默默无闻还是光彩显赫，完全是自己造成的。亚伯拉罕·林肯曾经说过："我一直认为，如果一个人决心想获得幸福，那么他就能得到这种幸福。"也许你对这一说法感到非常奇怪，人怎能选择自己的幸福？但如果你认真分析身边的成功者和失败者，你就会发现事实确实如此。所以，面对逆境时，要相信自己，无论困难多大，但通往成功的道路，就在自己的脚下，不管是谁，只要相信自己，敢于主宰自己的命运，充分发挥出自己的聪明才智，就一定能成就一番事业。

学会自我激励，每天鼓励自己一次

在生活中，我们需要受到别人的鼓励，更要学会自己鼓励自己，也就是进行自我激励。自我激励是人生中一笔弥足珍贵的财富，在人生前进中能产生无穷的动力。

所谓自我激励，就是通过激发人的行为动机的心理，使人处于一种兴奋状态。这是一种积极的自我心理暗示，常能使处于不利地位的人打消自卑感，增强自信心和进取心。

德国人力资源开发专家斯普林格在《激励的神话》一书中写道："强烈的自我激励是成功的先决条件。"世界上做出突出成绩的人，无不是在这种高度的自我激励下，朝着自己的目标不断前进，最终实现自己的理想。

在1949年，一位24岁的年轻人，充满自信地走进美国通用汽车公司，应聘做会计工作，他只是为了父亲曾说过的"通用汽车公司是一家经营良好的公司"并建议他去看一看。

在应试时，他的自信使助理会计印象十分深刻。当时只有一个空缺，而应试员告诉他，那个职位对于一个新手来说是很难应付的，但他当时只有一个念头，即进入通用汽车公司，展现他的能力。

当应试员在雇用这位年轻人之后，曾对他的秘书说过："我刚刚雇用了一个想成为通用汽车公司董事长的人。"

　　这位年轻人就是从1981年到1990年担任通用汽车董事长的罗杰·史密斯。

　　史密斯刚进公司的第一位朋友阿特·韦斯特回忆说："合作的一个月中，史密斯认真地告诉我，他将来要成为通用的总裁。"

　　高度自我激励指示他要永远朝成功迈进，也是引导他经由财务阶梯登上董事长职位的法宝。

　　学会自我激励，是一个人成功的必备素质。一个善于自我激励的人，总是能够发挥自身的潜能，创造出超越自己能力的神话。而一个不会自我激励的人，就算拥有良好的天赋，也无法开发出自己的潜力，甚至会走上绝路。

　　人生就是需要得到鼓励和赞扬。许多人做出了成绩，往往需要别人的鼓励和赞扬。其实光靠别人的赞许还是不够的，何况别人的赞许会受到外在条件的制约，难以满足你真正的期盼。要保护自己的自信心和成功信念，不妨花些时间，恰当地自我奖励一下。

　　一个人成就的大小，取决于他个人的思想。拿破仑·希尔说过："一旦思想插上想象和自信的翅膀，它就会无所不能。"如果你想成功，那么你就必须学会操纵你的思想，做思想的主人；相信自己，你就一定能做到。这就要求我们自我激励和自我鼓励，自己给自己加油，这是一个人获得快乐、幸福、智慧和成功的法宝。每一次激励，都能够挖掘出自我潜力，每一次鼓舞，都能让自己更上一层楼。

　　自我激励是一种精神动力，人的一切行为都是受到激励而产生的，通过不断地自我激励，就会使你有一股内在的动力，朝向所期望的目标前进，最终达到成功的顶峰。

日本独立公司是一家专为伤残人士设计和生产服装的公司，它们的服装不但价格低廉，而且非常人性化，适合伤残人士穿着，因此赢得了消费者的一致好评。

这家公司的老板是一位名叫木下纪子的妇女，在未成立独立公司以前，她曾管理过两家室内装修公司，并且小有名气。可是，正当她顺风顺水发展的时候，不幸降临到她的头上——她突然中风，半身瘫痪了，连吃饭穿衣都难以自理。当她从极度的痛苦中摆脱出来后，清醒思考的时候，她问自己：难道这辈子就要这样躺在床上了吗？不行！我不能自暴自弃，必须振作起来。穿衣服这件事虽然是个小事，但又是每天都遇到的事情，对一个残疾人来说更是重要。难道就不能设计出一种供伤残人士容易穿的衣服吗？一个新的念头突然而至，使她顿时兴奋起来。她忘记了自己的痛苦，甚至忘记了自己是一个左半身瘫痪的人。

有了好的想法之后，就要开始行动了。于是，木下纪子根据自己的设想加之以往管理的经验，办起了世界第一家专门为伤残人士设计和生产服装的服装公司——"独立"公司。为什么要叫"独立"公司？木下纪子解释说，这个字眼不仅要向全世界人们宣告伤残人士的志愿和理想，也道出了她自己内心的独白，就是她要走出一条独立自主的生活道路。

独立公司成立后，木下纪子按残疾人的特点及心理，设计出适合伤残人士穿的服装。服装推向市场后，受到好评，公司的生意日益兴隆，有时一个季度就可销售五万多美元的服装。由于她事业上的成功，在日本这个以竞争著称的国家，竟得到了十家不同行业的支持。木下纪子还准备把她的产品打入国际市场，她的这一计划不仅得到了日本政府的支持，同时也得到了外国友人的帮助，她和一家美国同行组成了一个合资公司。

作为一个残疾人，木下纪子没有自暴自弃，相反，她重新点燃生活的火把，她为公司的发展呕心沥血，走过了漫长的路。在接受记者采访时，她说："为伤残人士生产产品固然重要，改变伤残人士的形象更重要。尽管我们的身体残疾了，但我们的精神并没有残疾。我所做的就是想让人们看到我们伤残人士不但生活得非常有朝气，而且也同样是生活中的强者。"

人的内心中常常存在着需求激励的欲望，强烈的自我激励是成功的先决条件。人生的旅途就像马拉松赛跑，一路上虽然有人为我们喝彩、鼓掌、加油，但这些都只是外在因素，真正的力量，来自自我，来自内心。所以，在面对逆境时，我们要学会自我激励，以积极的心态去应对。

在做任何事情以前，如果能够充分肯定自我，就等于已经成功了一半。当你面对挑战时，你不妨告诉自己：你就是最优秀的和最聪明的，那么结果肯定是另一种模样。

只要你想做，一切皆有可能

人生没有达不到的高度，只有不远攀登的心。英国大作家约翰生曾说过："在勤奋和技巧之下，没有不可能成功的事情。"的确，没有做不到的事情，只有你想不想做。或许当你做一件事情的时候会遇见很多的困难，但只要你发自内心地想做，最后还是会成功的。

拿破仑·希尔博士是美国成功学的创始人，他在年轻时就想做一名作家，但我们知道，一个人要想在写作方面功成名就，非要有过硬的文字功底和语言功底不可，尤其是对于用英文写作的拿破仑·希尔来说，他要实现作家的梦想，就必须更精于遣词造句，那么字典就是他的写作备用的参考工具。

可是，拿破仑·希尔在小的时候，由于家里很穷，没有接受过系统的教育，所以好多人认为，他要实现作家的理想，简直是异想天开，白日做梦。但是，年轻的拿破仑·希尔并没有因为他人的嘲笑和打击而停滞不前，他努力打零工挣钱，以买一本最好的、最完整的、最漂亮的字典。他认为在这本字典里，他所需要的单词都将会无所不包。但是，他想到朋友们的劝诫，认为他要实现当作家的梦想，那是根本"不可能"的，于是他做了一件很奇特的事。他找到"不可能"这个词，用剪刀把它剪下来，然后丢掉，于是他便有了一本没有"不可能"的字典。

以后，拿破仑·希尔把整个事业建立在没有"不可能"的前提下，他刻苦钻研，不停地写作，最终成为美国商政两界的著名导师，被罗斯福总统誉为"百万富翁的铸造者"。他的著作《人人都能成功》成为世界畅销书。

由此看来，只要你从你的字典里把"不可能"这个词删除，从你的心中把这个观念铲除，从你谈话中将它剔除，从你的想法中将它排除，不要为它提供理由，不再为它寻找借口，把这个字和这个观念永远地抛弃，而用光辉灿烂的"可能"来替代，你就能够将不可能变为可能。

林语堂先生讲过一句话："为什么世界上95%的人都不成功，而只有5%的人成功？因为在95%人的脑海里，只有三个字'不可能'。"的确，大多数人常常被"不可能"三个字困扰，无时无刻不在侵蚀着他们的意志和理想，其实，这些"不可能"大多是人们的一种想象，只要能拿出勇气主动出击，那些"不可能"就会变成"可能"。如果你认为自己的愿望永远不可能实现，那它也永远只能是你的愿望；如果你相信愿望终会变成现实，那这就没有什么不可能。不要在心里为自己设限，那将是你无法逾越的障碍。

1968年，墨西哥举办了第十九届奥运会。在田径百米赛道上，美国选手吉姆·海因斯以9.9秒的成绩打破了当时的世界纪录，这标志着在人类历史上第一次有人在百米赛道上突破了10秒大关。就在此刻，海因斯摊开双手自言自语地说了一句话。可是，由于当时他身边没有话筒，海因斯到底说了句什么，谁都不知道。

电视台通过直播，使全世界几亿人都看到了这一情景。但令人遗憾的是，到会的431名体育记者竟全都没有注意到这一新闻点。

这件事情似乎已经被人们淡忘了。但16年之后，即1984年洛杉矶奥运会前夕，一位名叫戴维·帕尔的记者在办公室回放奥运会的资料片时，他看到海因斯撞线后说话的镜头时想，这是人类历史上第一次有人在百米赛道上突破10秒大关，海因斯在打破纪录的那一瞬间，一定是说了一句不同凡响的话。于是，他决定去采访海因斯，问他当时到底咕哝了一句什么话。

凭着做体育记者的优势，戴维·帕尔很快找到了海因斯。16年前的录像唤起了海因斯的记忆——"我是说，上帝啊，那扇门原来虚掩着。"

谜底揭开之后，戴维·帕尔针对这句话对海因斯进行了采访。海因斯说："自1936年在柏林奥运会上，美国的天才运动员欧文斯创造了10.3秒的百米短跑世界纪录之后，这一纪录保持了30年。以詹姆斯·格拉森医生为代表的医学界权威人士断言，人类的肌肉纤维所承载的运动极限不会超过每秒10米，不可能在10秒以内跑完百米。30年来，这一说法在田径场上非常流行，我也相信这是真的，但是我想我一定要争取跑出10.01秒的成绩。于是，每天我以自己最快的速度跑5千米。因为我知道，百米冠军不是在百米赛道上练出来的。当我在墨西哥奥运会上看到自己9.9秒的纪录之后，我惊呆了，原来10秒这个门不是紧锁着的，它是虚掩着的，就像终点那根横着的绳子一样。"

后来，戴维·帕尔根据采访写了一篇报道，填补了墨西哥奥运会留下的一个空白。不过，人们认为它的意义绝不仅限于此。大家觉得，海因斯的那句话给世人留下的启迪更重要。

其实，很多看似"不可能"的事情，并不像你想象的那样难，困难只是被人为地夸大了。做任何事情之前，不要总是想着这件事自己做不到，如果没有尝试，你怎么就能够判断自己做不到呢？

所以，不要被"不可能"禁锢了你，大家所认为的"不可能"实际上是可能的。因为人的潜能是巨大的，一个人只有具备积极的自我意识，才会知道自己是个什么样的人，并知道能够成为什么样的人，从而他才能积极地开发和利用自己身上的巨大潜能，将不可能的事变成可能，干出非凡的事业来。

做任何事情，只要你想去做，而且是认真地做，想尽一切办法去做，坚持地去做，没有什么事情做不到。不大可能的事也许今天实现，根本不可能的事也许明天会实现。

凡事都得试试，哪怕希望微乎其微

哈佛大学教授曾经做过一个有趣的实验。

他们将六只猴子关在一个密闭的笼子里，每天只给猴子很少的食物，让这六只猴子始终处于饥饿的状态。几天后，实验者从笼子上面的小洞放下一串香蕉，一只饿得头昏眼花的大猴子一个箭步冲向前，可是当它还没有拿到香蕉时，就被实验者用预设机关喷出的热水烫得全身是伤。其余的五只猴子依次去拿香蕉时，同样都被热水烫伤。于是，猴子们只好望"蕉"兴叹。

几天后，实验者置换一只新猴子进入房间。当这只新来的猴子肚子饿得也想尝试爬上去吃香蕉时，立即被其他六只猴子制止，并告知有危险，千万不可尝试。实验者再换一只新猴子进入，当这只新猴子想吃香蕉时，有趣的事情发生了，这次不仅老猴子制止它，连没有被烫伤的新猴子也极力阻止它。

实验继续，当所有的老猴子都被换出来后，剩下的全是没有被烫伤的新猴子，上头的热水机关也被取消了，香蕉随手可得，却没有猴子敢前去享用。

这个实验告诉我们：不去尝试，就永远都不会知道结果。尝试过后或许会失败，但是却可以从失败中汲取教训，从而为下一次的尝试做准备。

尝试是人们取得成功的前提，没有尝试就没有成功，没有尝试就没有创造发展，没有尝试就没有个人的发展和社会的发展和进步，因为安于现状的人不会去尝试做什么，自然不会取得什么成功。

成功就得敢于尝试。人生之路遥远而迷茫，前方是未知的，只有不断地探索尝试，踏出第一步，我们才有成功的机会。

1943年，美国的《黑人文摘》刚创刊时，前景并不被看好。杂志的创办人约翰逊为了扩大发行量，决定撰写一系列"假如我是黑人"的文章，请白人把自己摆在黑人的地位上，换一个角度思考黑人的处境问题。他想，如果能请到罗斯福总统的夫人埃利诺来写这样一篇文章，结果将会是非常有号召力的，不管是对杂志的发行量还是对黑人问题来说都是如此。于是，他给总统夫人写了一封言辞非常恳切的信。罗斯福夫人回信说她太忙，没有时间写。但是约翰逊并没有因此而气馁，他又给她写了一封信，结果还是被回绝了。以后，每隔半个月，约翰逊就会准时给总统夫人写一封信，言辞也更加恳切。

后来，罗斯福夫人因公事来到约翰逊所在的芝加哥市，会在该市逗留两天。约翰逊得到这个消息以后，立即给她发了一份电报，请她在芝加哥期间抽空给《黑人文摘》写篇文章。或许是他的诚心感动了罗斯福夫人，这一次她没有拒绝，她把自己的想法写成文章寄给了《黑人文摘》。消息传出后，全国都知道了。一个月内，《黑人文摘》的销售量就从2万份激增到15万份。

有时，生活中的失败和否定会接二连三地到来，也许每个人都会产生对自己的怀疑，但是最终获得成功的人只是多坚持了一下，再尝试了一次，结果他们征服了命运。因此，在我们心灰意懒，想要放弃时，不妨对自己说："再试一次。"

人生就是这样，只有不停地尝试，才能成功，不要让自己陷入自己的局限，每个人都不知道自己能成为什么样的人，所以只要我们敢于尝试，奇迹是可以发生在我们身上的。

积极的心态拥有积极的人生

人生的成败，取决于多种因素，心态在其中起着重要的作用，一种是积极的，一种是消极的。而积极与消极之间的距离可以说很小，小到只在一念之间，但后果的差异却是十分巨大的，这个差距就是成功与失败的差距。积极的心态会让你变得越来越优秀，越来越成功；消极的心态则会让你变得越来越颓废，越来越失败。

一位记者去采访两位颇有名气的画家，请他们谈谈如何发现美，并借此而为世人创造出美来。其中一位画家说道："追求和发现美，是每个画家梦寐以求的事，将它们诉诸笔端，现于画纸，更是每个画家的神圣职责所在，当属义不容辞！"他说到这里又不无惋惜地摇了摇头，十分失望地说："恕我直言，我表示非常遗憾。虽然我跋山涉水，历尽千辛万苦，到过世界很多地方，不管是游历也好，观光也罢，但是我从来没有找到那股激情，也就是说，没有找到令我下决心画下来的完美面孔。"

画家说到这里，对记者举例道："在每张面孔上，我都或多或少地发现了这样或那样的瑕疵，可以说我的追寻不过是一场梦而已，徒劳无功。你想，这样充满缺陷的面孔，怎能构成我完美绝伦的画卷？"画家连连摇头表示无可奈何。

而与他齐名的另一位画家，却平静地对记者说："我从不把自己当成一位艺术家，也没有到过国外去追寻什么灵感，我只是置身其中，与大众融为一体，与他们同哭同笑。结果我发现任何一张面孔都不是微不足道或者一无是处，我总能在其最普通、最平凡的一面，发现其更美、更与众不同的一面来。"这位画家深情地说："他们的每张面孔，都是一件艺术珍品，是一尊维纳斯像。"说到这里，画家的脸上满是圣洁的光辉："对我来说，这些已让我深感快乐，即使我不是一位艺术家，我生活在他们当中，也心满意足了！"

同样是谈如何在生活中发现美、创造美，苛求完美的画家看到的是人们脸上这样或那样的瑕疵；承认差异、善于发现美的画家却从生活中找到了一件件艺术珍品，发现了一尊尊维纳斯像。可见，不同的心态和不同的审美观所产生的结果有多么的不同。

人生的方向是由"态度"来决定的，其好坏足以明确我们构筑的人生的优劣。一个人要想让自己生活得更好，首先你就得让自己的心态处在一种积极活跃的状态中。积极的心态是人生的黄金定律，一个积极心态者常能心存光明远景，即使身陷困境，也能以愉悦和创造性的态度走出困境，迎向光明。

几乎所有成功者，无不有一个共同的特点，那就是具有积极的心态。他们运用积极的心态去支配自己的人生，用乐观的精神来面对一切可能出现的困难和险阻，从而保证了他们不断地走向成功。而许多一生潦倒者，则普遍精神空虚，以自卑的心理、失落的灵魂、悲观失望的心态和消极颓废的人生目标做前导，其后果只能是从失败走向新的失败，至多是永驻于过去的失败之中，不再奋发。

美国著名的电台广播员莎莉·拉斐尔在她的30年职业生涯中，曾遭18次辞退，可是每次她都坚持下来了。

最初由于美国的无线电台认为女性不能吸引听众，没有一家肯雇用拉斐尔，她好不容易在纽约一家电台谋到一份差事，不久又遭辞退了，辞退她的理由是说她跟不上时代。拉斐尔并没有因此灰心丧气，她总结了失败的教训，又向国家广播公司电台推销她的清谈节目构想。电台勉强答应了，但提出要她在政治台主持节目。"我对政治所知不多，恐怕很难成功。"拉斐尔曾一度犹豫，但坚定的信心促使她大胆地去尝试了。她对广播早已轻车熟路，于是她利用自己的长处和平易近人的作风，大谈7月4日美国国庆节对自己有何意义。另外，拉斐尔还邀请听众打电话来畅谈他们的感受。听众立刻对这个节目产生了兴趣，她也就因此而一夜成名了。

如今，拉斐尔已成为自办电视节目的主持人，曾两度获奖。在美国、加拿大每天有800万观众收看这个节目。她说："我遭人辞退18次，本来大有可能被这些遭遇所吓退，甘愿放弃，做不成我想做的事情。结果相反，我让它们鞭策我勇往直前。"

这就是一个积极思考的人生态度。积极思考对人就像太阳对植物一样重要，积极思考就是心中的太阳，这种心灵中的阳光构筑生命、美丽，促进它范围所及的一切事情的发展。我们的心灵能在这种心灵阳光的照射下茁壮成长，正如花草树木在太阳照射下茁壮成长一样。

无论对我们的生活还是事业，思维方式都是至关重要的。如果你是一个能保持积极的思维，能掌握自己的思想，并引导它为自己的生活目标服务的人，你就能够获得成功。不要让你的心态使你成为一个失败者，成功永远是被那些抱有积极思维的人所取得，并由那些以积极的心态努力不懈的人所保持。

开发你的潜能，挖掘心中的宝藏

所谓"潜能"通常是指一个人身体、心理素质等方面存在的发展可能性。潜能是一个人本身具备但是还没有开发出来的能力，它就像是一双隐形的翅膀，只有在人们发现它的那天起，它才会让你真正插上双翼，带你在天空自由飞翔。

每个人内心深处都藏着巨大的潜能，如同一座蕴藏丰富的金矿，等待着我们去开发。美国学者詹姆斯根据其研究成果指出："普通人只开发了自己身上所蕴藏能力的十分之一，与应当取得的成就相比较起来，每个人不过是半醒着的。"是的，每个人的自身都是一座宝藏，都蕴藏着大自然赐予的巨大潜能，只是由于没有进行各种潜能训练，使得我们没有机会将内在的潜能淋漓尽致地发挥出来。在我们身上没有得到开发的潜能，就犹如一位熟睡的巨人，一旦受到激发，便能发挥"点石成金"的力量。

在一堂钢琴练习课上，一位音乐系的学生坐在钢琴旁，看着钢琴上摆着一份全新的乐谱。

"太难了吧！我这种水平怎么能弹这样的曲子啊？"他翻着乐

谱，摇着头说道。他感觉自己对弹奏钢琴的信心似乎跌到谷底，消靡殆尽。这已经是第三个月了！自从他跟了这位新的钢琴指导教授之后，他总是觉得教授是在存心以这种方式整他。他勉强打起精神，开始用自己的十指在钢琴上弹练这些高难度的曲子，琴音盖住了教室外面教授走来的脚步声。

指导教授是个极其有名的音乐大师。授课的第一天，他给自己的新学生一份乐谱。"试试看吧！"他说。乐谱的难度颇高，学生弹得生涩僵滞、错误百出。"还不熟练，回去好好练习！"教授在下课时，如此叮嘱学生。

学生不停地练习了一个星期，第二周上课时正准备让教授验收，没想到教授又给他一份难度更高的乐谱，"试试看吧！"学生再次挣扎于更高难度的技巧挑战。

第三周，更难的乐谱又出现了。两样的情形持续着，学生每次在课堂上都被一份新的乐谱所困扰，然后把它带回去练习，接着再回到课堂上，重新面临两倍难度的乐谱，却怎么都追不上进度，一点也没有因为上周练习而有驾轻就熟的感觉。学生感到越来越不安、沮丧和气馁。

又一次课堂上，当教授走进练习室，学生再也忍不住了，他必须向钢琴大师提出这三个月来何以不断折磨自己的质疑。

教授没开口，他抽出最早的那份乐谱，交给了学生。"弹奏吧！"他以坚定的目光望着学生。

不可思议的事情发生了，连学生自己都惊讶万分，他居然可以将这首曲子弹奏得如此美妙、如此精湛！教授又让学生试了第二堂课的乐谱学生依然呈现出超高水平的表现……演奏结束后，学生怔怔地望着老师，说不出话来。

"如果，我任由你表现最擅长的部分，可能你还在练习最早的那份乐谱，就不会有现在这样的程度……"钢琴大师缓缓地说。

每个人都隐藏着惊人的潜能，任其埋没就会平庸一生；激发潜能，就能辉煌一生。罗斯福曾经说过："杰出的人不是那些天赋很高的人，而是那些把自己的才能尽可能发挥到最高限度的人。"人的潜能是巨大的，一个人只有具备积极的自我意识，才会知道自己是个什么样的人，并知道能够成为什么样的人，从而他才能积极地开发和利用自己身上的巨大潜能，将不可能的事变成可能，干出非凡的事业来。

玛丽是美国圣保罗市的缝纫机推销员，每月平均保持销售15台的纪录，这一纪录一直使她倍感骄傲。有一天，玛丽在鱼市上向一位中年人推销，却遭到呵斥，并警告说如果她再不离去，就要把水泼到她身上。玛丽并未介意，还想继续同他讲话，但做梦也想不到的是，那位中年人竟然真把整桶的水毫不客气地倒向了她，使她当众成了一个落汤鸡。受到这种羞辱，她不禁泪珠滚滚。"我何必要接受这种耻辱？即使我不做缝纫机的推销工作，丈夫的收入也足够养活一家人。在外抛头露面，还碰到这种惹人笑话的事……我……再也不干推销员了！"

玛丽下定了决心。但是，她回家之后就冷静了下来，她觉得自己不能在这种耻辱的面前退却，一股不服输的念头油然而生。经过数天的思考，她终于得出一个结论："目前，我在公司一直是推销冠军，也许，这个工作就是我的天职，很可能是上帝有意的安排。如果我就此停止推销工作，这一生必定死都要受这次失败和耻辱感的缠绕，永远不得安宁。好吧，我绝不为这次事件而气馁，我要一直保持冠军到四个孩子大学毕业。"此后，玛丽以鱼市上的失败为新的起点，创造了连续15年推销成绩第一的佳绩。在美国的任何行业，至今还没有一个推销员，改写这一在自己的公司守住15年冠军宝座的纪录。正是因为玛丽激发了自己的能力，不向失败低头，才赢得了属于自己的荣誉。

任何成功者都不是天生的，成功的根本原因是开发了人的无穷无尽的潜能。每一个人的内部都有相当大的潜能，爱迪生曾经说："如果我们做出所有我们能做的事情，我们毫无疑问地会使我们自己大吃一惊。"激发人的潜能就是为了使我们的能力和聪明才智充分地发挥出来，为我们的生活、学习、工作打下坚实的基础，使我们在人生的道路上不断地超越自我、挑战自我，充分体现自我的人生价值，创造美好的人生！